인류의
동행자

◆

제 1 권

인류의 동행자

◆

제 1 권

◆

현재 지구에 있는
외계인에 관한
긴급 메시지

마샬 비안 서머즈

저자
내적 앎을 다룬 책: 앎으로 가는 계단

인류의 동행자 제1권: 현재 지구에 있는 외계인에 관한 긴급 메시지

편집 달렌 미첼

책 디자인 Argent Associates, Boulder, CO

표지그림 리드 노바 서머즈
"이 표지 그림은 지구에 있는 우리를 표현했으며, 그 뒤 검은 천체는 현재 지구에 있는 외계인을 상징하고, 그 뒤 밝은 빛은 우리가 그 빛이 없었다면 보지 못할 이 보이지 않는 외계인 존재를 우리에게 밝혀주는 것을 표현하였다. 지구를 비추는 별은 큰 공동체와 지구와의 관계에 관한 새로운 메시지와 새로운 관점을 우리에게 주는 인류의 동행자를 나타낸다."

ISBN: 978-1-884238-45-1 *인류의 동행자 제1권: 현재 지구에 있는 외계인에 관한 긴급 메시지*

NKL POD Version 4.1

Library of Congress Control Number: 2001 130786

인류의 동행자 제1권 제2판

PUBLISHER'S CATALOGING-IN-PUBLICATION

Summers, Marshall.
    The allies of humanity book one : an urgent message about the extraterrestrial presence in the world today / M.V. Summers
    p. cm.
    978-1-884238-45-1 (English print)   001.942
    978-1-884238-85-7 (Korean print)
    978-1-884238-46-8 (English ebook)
    978-1-884238-86-4 (Korean ebook)

                        QB101-700606

새 앎 도서관의 책들은 큰 공동체 앎길 협회가 출간한다. 협회는 큰 공동체 앎길을 알리는 데 헌신하는 비영리 조직이다.

협회에서 제공하는 오디오 녹음과 교육 프로그램, 기타 서비스에 관한 정보를 얻으시려면, 아래에 적힌 인터넷 주소를 방문하시거나, 이메일을 보내주시기 바랍니다.

THE SOCIETY FOR THE GREATER COMMUNITY WAY OF KNOWLEDGE

P.O. Box 1724   •   Boulder, CO 80306-1724   •   (303) 938-8401

society@newmessage.org
www.alliesofhumanity.org/ko   www.새메시지.com

알려진 것이든 알려지지 않은 것이든,

지구 역사에 있었던 —

모든 위대한 자유 운동에 이 책을 바친다.

목차

현재 지구에 있는 외계인을 보면서
우리가 품어야 할 기본 질문 네 가지:

무슨 일이 일어나고 있는가?

왜 일어나고 있는가?

무엇을 의미하는가?

어떻게 대비할 수 있는가?

자신의 삶을 바꿀 만한 책을 만나는 일도 쉽지 않은데, 인류 역사에 영향을 줄 만한 힘을 가진 책을 만난다는 것은 훨씬 더 드문 일이다.

1960년대 초반, 아직 환경운동이 있기 전에 한 용감한 여성이 매우 도발적이고 논란의 여지가 많은 '침묵의 봄'이라는 책을 써서 인류 역사의 흐름을 바꿔놓았다. 레이첼 카슨은 그 책으로 환경오염의 위험을 전 세계적으로 의식하게 하였으며 오늘날까지 지속되는 환경운동에 불을 지폈다. 카슨은 살충제와 맹독성 화학물질을 사용하면 모든 생명에 해가 된다고 공개적으로 표명한 최초의 사람 중 하나로, 처음에는 동료들까지도 비웃고 헐뜯었지만, 끝내 20세기에 가장 중요한 목소리를 낸 사람으로 손꼽힌다. '침묵의 봄'은 여전히 환경보호론에 초석으로 널리 알려져 있다.

지구에 외계인이 계속 침입하고 있다는 사실이 사람들에게 널리 알려지기 전인 지금, 한 용감한 남성이, 이전에는 조용히 영적 교사로 지내다가, 지구 밖에서 전달된 놀라운 소식을 알려주고 있다. 마샬 비안 서머즈는 그의 저서 *인류의 동행자*에서 초대받지 않은 외계 방문자들의 은밀한 활동이 인간의 자유에 심각한 위협이 된다는 것을 분명하게 선언한 이 시대의 최초 영적 지도자이다.

서머즈도 처음에는 카슨처럼 분명히 비웃음과 비난을 받겠지만, 결국 외계 지적 생명체, 인류의 영성, 의식의 진화 분야에서 전 세계적으로 가장 중요한 목소리를 내는 사람들 중 한 사람으로 인정받게 될 것이다. 또한 *인류의 동행자*는 인류 종족의 미래를 지키는 중심축으로 자리잡아, 은밀한 외계인 침입의 심각한 도전에 우리를 깨울 뿐만 아니라, 우리가 유례없는 저항과 자율권 운동을 할 수 있도록 불을 지펴 줄 것이다.

비록, 논란의 소지가 될 수 있는 이 자료의 출처가 어떤 사람에게는 문제가 될 수도 있겠지만, 이 자료에서 보여주는 균형 잡힌 관점과 전달하는 절박한 메시지는 정말로 깊이 생각해보고 단호히 대응할 것을 우리에게 요구한다. 지금 UFO와 그에 따른 현상들이 점점 더 잦게 출현하는 것은 전적으로 자신들의 이익을 위해 지구의 자원을 착취하려는 외계 세력들이 아무 저항도 받지 않고 교묘하게 개입하는 징후를 단적으로 보여주는 것임을 우리 모두는 직시해야 할 것이다.

이런 혼란스럽고도 충격적인 주장에 우리는 어떻게 대응할 것인가? 카슨을 비방했던 사람들처럼 아예 무시할 것인가, 아니면 모르는 체할 것인가? 그렇지 않으면 여기서 무엇을 말하는지 들어보고 조사해볼 것인가?

우리가 조사해보고 이해하는 쪽을 선택하면, 최근 수십 년 동안 전 세계에 걸쳐 조사된 UFO 활동과 그 밖의 명백한 외계인 현상, 즉 외계인이 행한 납치나 이식, 동물 절단, 심지어 정신적 "소유"까지 많은 사실들을 알게 될 것이다. 이러한 조사 자료들은 동행자들의 상황 보고에서 이야기한 증거를 광범위하게 보여준다. 동행자들이 준 이 정보는 그동안 연구조사자들이 계속되는 증거를 보고 신비롭기는 해도 어떻게 설명해야 할지 몰라 오랫동안 곤혹스러워했던 문제들을 실로 아주 명쾌하게 풀어준다.

이 문제를 조사해보고 동행자 보고가 이치에 맞을 뿐만 아니라, 설득력이 있다는 것을 알았다면, 우리는 어찌해야 하는가? 깊이 생각해 보면, 지금 우리가 처한 어려움은 15세기 초 유럽 문명이 아메리카에 침입할 때와 매우 닮았다는 결론에 도달할 것이다. 그때 원주민은 그들 땅에 온 방문 세력들의 복잡성과 위험을 이해하지도 못했고, 그것에 적절히 대응하지도 못했다. 그때 '방문자들'은 대단한 과학기술을 보여주고 훨씬 진보된 문명의 생활방식을 제공해준다고 하면서 신의 이름을 내걸고 왔다. 여기서 우리가 주목해야 할 것은 유럽 침략자들이 인간의 탈을 쓴 악마가 아니라, 기회를 찾는 사람들이었을 뿐이라는 점이다. 다만 뜻하지 않게 엄청난 파멸의 발자취를 남겼을 뿐이다.

아메리카 원주민은 곧 그들의 기본자유가 엄청나게 침해당했으며, 아주 빠르게 대량으로 학살당했다. 여기서 요점은 이것이 인류 역사에서 비극의 상징일 뿐만 아니라, 우리가 지금 처한 상황에 살아있는 교훈도 된다는 사실이다. 이번에는 우리 모두가 지구 원주민이다. 우리가 함께 모여 좀 더 창의적이고 통합된 대응을 하지 않으면 우리가 아메리카 원주민과 비슷한 운명을 겪을 것이다. *인류의 동행자*에서 우리에게 일깨워주는 것이 바로 이것이다.

또한 이 책은 삶을 변화시켜줄 수 있다. 왜냐하면 이 책은 우리가 인류 역사의 큰 전환점인 이 시기에 사는 목적을 알게 하고, 우리의 운명을 직접 맞대면 할 수 있게 하는 내적 부름을 촉진하기 때문이다. 이때 우리는 가장 불편한 진실 앞에 서게 된다. 인류의 미래는 이 메시지에 어떻게 응답하느냐에 달려있다.

*인류의 동행자*는 우리에게 경고하지만, 두려움과 절망으로 몰고 가지 않는다. 오히려 가장 위험하고 어려운 상황에 큰 희망을 준다. 이 메시지는 인류에게 자유를 보전하도록 힘을 주고, 외계인 개입에 개인적·집단적으로 대응할 수 있도록 불을 지펴준다.

레이첼 카슨은 그 당시, 예언가처럼 "우리는 아직 충분히 성숙하지 못하여, 엄청나게 광활한 이 우주에서 우리가 티끌처럼 작은 부분이라는 것을 알지 못한다."라고 꼭 집어서 우리가 당면한 위기에 대응하는데 어떤 어려움이 있는지 말했다. 분명히 우리는 오래전부터 우주에서 우리 위치와 큰 공동체의 삶을 새롭게 이해할 필요가 있었다. 다행히 *인류의 동행자*가 영적 가르침과 연습에 실제로 다가갈 수 있는 통로를 훌륭하게 마련해주었다. 그래서 지구 중심이나 인간 중심에서 벗어나 인류가 성숙하려면 무엇이 필요한지 우주적 관점에서 거듭 알려주고 있다.

*인류의 동행자*는 결국 우리의 모든 기본 현실개념에 도전장을 내미는 것과 동시에 진보를 위한 가장 큰 기회와 생존을 위한 가장 큰 도전을 주고 있다. 현재의 위기는 인류의 자율권을 위협하기도 하지만, 동시에 인류가 통합하는데 필요한 바탕을 준다. 이런 큰 일이 없다면, 인류의 통합은 거의 불가능할 것이다. *인류의 동행자*에서 제시한 관점과 서머즈 선생이 보여준 방대한 가르침과 함께하면, 우리는 필요한 영감을 얻어 더 깊은 이해로 인류가 진화하는 데 함께 봉사할 것이다.

◆

20세기 가장 영향력을 가진 100인을 선정하는 타임지 기사에서, 피터 매티슨은 레이첼 카슨 여사에 대해 "환경 운동이 있기 전에, 한 용감한 사람이 있었고 그녀가 쓴 용감한 책이 있었다."라고 썼다. 세월이 지나면 우리는 마샬 비안 서머즈 선생에 대해 "외계인 개입에 저항하는 인류 자유운동이 있기 전에, 한 용감한 사람이 있었고 그가 쓴 용감한 책 *인류의 동행자*가 있었다."라고 비슷한 이야기를 할 수 있을 것이다. 이제 우리의 응답이 더 신속하고, 더 단호하며, 더 단결하기를 빈다.

—마이클 브라운리
언론인

인류의 동행자는 완전히 새로운 현실, 즉 지금 세상에 크게 드러나지 않아 사람들이 거의 의식하지 못하는 그런 현실에 사람들이 대비하도록 세상에 알려주고 있다. 또한 한 종족으로서 우리가 지금까지 접해 본 그 어느 것보다 더 큰 도전과 기회를 직시할 수 있도록 사람들에게 힘을 실어주는 새로운 관점을 제시한다. 동행자들의 상황보고에는 매우 긴요한 여러 진술이 담겨 있다. 즉, 갈수록 증가하는 외계인의 개입, 인류와의 통합 계획, 외계인의 활동과 그들의 숨은 의도에 관해서 기술하고 있다. 이 상황보고는 지구에 외계인이 방문한다는 분명한 증거를 제시하려는 것이 아니다. 이런 증거는 이미 다른 책들이나 전문연구 잡지에 자세히 기술되어 있다. 상황보고는 이런 현상 이면에 담겨 있는 지대한 영향을 알려주고, 이에 대한 인간의 경향이나 가정에 이의를 제기하며, 인간 가족이 지금 직면한 큰 문턱의 위험을 알려주고자 한다. 또한 우주 삶의 현실을 어렴풋이나마 알 수 있도록 해주며, 접촉이 실제로 무엇을 의미하는지도 알려주고자 한다. 인류의 동행자에서 밝힌 내용이 대부분의 독자에게는 생소하겠지만, 일부 독자에게는 오랫동안 느끼고 알았던 것에 대한 확인이 될 것이다.

이 책은 비록 긴급 메시지를 전하지만, 동시에 앎이라 불리는 상위 의식으로 향하게 해준다. 이 앎은 사람들 사이나 다른 종족들 사이에 텔레파시로 소통도 가능하게 한다. 이런 관점에서, 동행자들의 상황보고는 스스로 "인류의 동행자"라고 칭하는 다종족의 개인들로 이루어진 외계인 무리로부터 메신저에게 전달되었다. 동행자들은 그들 자신을 다른 행성에서 온 육체를 가진 존재라고 말하며, 인간의 문제에 간섭하기 위해 지구에 온 다른 외계인들의 활동과 통신을 관찰하려고 우리 태양계 안 지구 근처에 모였다고 한다. 또한 그들은 직접 지구에 오지 않고, 기술을 전해주거나 간섭하지도 않으며, 다만 필요한 지혜만을 전해주고 있다고 강조한다.

이 상황보고는 일 년이 넘는 기간에 걸쳐 메신저에게 전달되었다. 수십 년간 쌓인 많은 증거에도 불구하고 연구가들을 계속 당혹스럽게 하는 복잡한 문제들을 이 상황보고에서는 볼 수 있는 눈을 제공한다. 하지만 여기서 이 문제를 보는 관점은 낭만적이거나 이상주의적 접근이 아니며, 추론에 의거한 접근도 아니다. 이와는 반대로 오히려 이 문제에 대해 잘 알고 있는 독자에게마저도 꽤 도전적이 될 만큼 너무나도 현실적이고 비타협적이다.

그러므로 이 책에서 말하는 것을 받아들이려면, 외계인 접촉에 관해서는 물론 이 책이 전해진 방식에 관한 것까지 포함하여 당신이 품은 직한 많은 믿음·가정·의문을 잠시나마 옆으로 제쳐놓아야 할 것이다. 이 책은 바깥 세계에서 지구로 흘러들어온 병 속의 메시지와 같다. 그래서 우리는 병보다는 그 안에 담긴 메시지 자체에 관심을 기울여야 할 것이다.

이 도전적인 메시지를 제대로 이해하려면, 외계인과의 접촉에 대한 가능성과 현실에 대해서 일반적으로 받아들이는 많은 가정이나 경향에 정면으로 의문을 품어야 한다. 그런 것으로 다음과 같은 것들을 생각해볼 수 있다.

　　－ 부정
　　－ 희망 섞인 기대

- 자신의 믿음에 맞추기 위해 증거를 잘못 해석
- 방문자에게 구원을 바라거나 기대
- 외계인의 과학기술이 우리를 구해줄 거라는 믿음
- 우월하다고 여겨지는 세력들에 절망을 느끼고 그들에게 순종
- 외계인에게 공개할 것을 요구하는 것이 아니라, 정부에 공개할 것을 요구
- 방문자들을 의심 없이 받아들이면서 인간 지도자나 기관을 비난
- 방문자들이 공격하거나 침략하지 않으니, 틀림없이 우리를 위해 왔을 것이라는 가정
- 과학기술이 진보하면 윤리와 영성도 같이 진보했을 것이라는 가정
- 이 현상은 실제로 이해할 수 있는 것인데도 신비한 것이라고 믿음
- 외계인이 인류와 지구에 어떤 권리를 가졌을 거라는 믿음
- 인류는 구제불능이므로 인류 스스로는 해낼 수 없다는 믿음

인류의 동행자 상황보고는 이런 가정과 경향에 주의를 촉구하며, 누가 우리를 방문하고 있고 그들이 여기 왜 왔는지에 대해 우리가 지금 믿는 많은 미신을 타파한다.

인류의 동행자 상황보고는 지적 생명체가 펼치는 우주 삶의 거대한 파노라마 속에서 우리가 우리 자신의 운명을 폭넓게 바라보고 깊이 이해할 수 있게 해준다. 동행자들은 우리가 그리할 수 있도록 이 메시지를 분석적인 우리 마음을 향해 말하는 것이 아니라, 우리 존재의 깊은 부분인 앎, 아무리 어두운 먹구름 속에서도 진리를 곧바로 알아차릴 수 있고 체험할 수 있는 부분인 앎을 향해 말한다.

xx   인류의 동행자 제 1 권

*인류의 동행자 1 권*에서는 더 깊이 탐구하고 숙고해야 할 문제들을 많이 제기할 것이다. 이 책의 초점은 이름·날짜·장소를 알려주는 것이 아니라, 세상에 있는 외계인을 볼 수 있는 눈, 우리 인류가 달리 알 수 없는 우주의 삶을 볼 수 있는 눈을 갖게 해주는 것이다. 우리는 고립된 채 지구 표면에서 여전히 살고 있기는 하지만, 우리 영역 밖의 지적 삶에서 무슨 일이 일어나고 있는지 아직 볼 수도 알 수도 없다. 그래서 우리는 도움이 필요하며, 그것도 매우 특별한 도움이 필요하다. 처음에는 우리가 그 도움을 알아볼 수도, 받아들일 수도 없을지 모르지만, 그 도움은 우리 곁에 와 있다.

동행자들이 밝히는 그들의 목적은 우리가 지적 생명체로 이루어진 큰 공동체에 출현하는 데에 따른 위험을 알려주는 것이고, 인류의 자유·주권·자결권이 보전된 채로 이 큰 문턱을 성공적으로 넘도록 도와주는 것이다. 동행자들은 전례가 없는 이 시기 동안 인류가 자신의 "접촉규칙"을 제정할 필요가 있음을 우리에게 알려주기 위해 여기 와 있다. 동행자들은 우리가 지혜롭게 대비하고 통합한다면, 큰 공동체에서 성숙한 자유 종족으로서 우리가 가야 할 자리로 갈 수 있을 것이라고 알려준다.

◆

이 일련의 상황보고가 계속 진행되는 동안, 동행자들은 우리가 이해하는데 매우 중요하다고 여겨지는 핵심 개념들을 계속 반복해서 말했다. 우리는 그들이 보낸 메시지의 의도와 순수성을 보전하기 위해 반복되는 말을 그대로 이 책에 적어놓았다. 동행자들의 메시지가 절박한 특성을 띠고 있고, 이 메시지에 반대하는 세력들이 세상에 있으므로 이런 반복은 지혜로우며 필요하다고 본다.

2001년에 *인류의 동행자*가 출간되고 난 뒤, 동행자들은 인류에게 보내는 그들의 중요한 메시지를 완전하게 하려고 두 번째로 상황보고를 보냈다. 2005년에 출간된 *인류의 동행자 2 권*에서는 우리가 사는 지역 우주에서 종족들 간에 서로 어떤 식으로 영향을 주고받는지, 또 인간 문제에 간섭하고 있는 종족들이 어떤 특성과 목적을 갖고 어떤 은밀한 활동을 하고 있는지에 대해 놀랄 만한 새로운 정보를 알려준다. 동행자 메시지의 긴박함을 느끼고 이 상황보고를 다른 언어로 번역한 독자들 덕분에, 개입의 현실이 전 세계적으로 널리 알려지게 되었다.

새 앎 도서관에서는 이 두 권의 상황보고가 최근 지구에 전해지는 가장 중요한 메시지 중 하나에 해당되는 것을 담고 있다고 여기고 있다. *인류의 동행자*는 UFO/ET 현상을 추론하는 많은 책 중 하나가 아니다. 이 책은 외계인 개입의 숨은 목적을 직접 겨냥해서 진정한 변화를 주는 메시지이며, 그리하여 앞에 놓인 도전과 기회를 직시하는 데 필요한 자각을 우리에게 일깨워주고자 한다.

— 새 앎 도서관

인류의 동행자란 누구인가?

동행자들은 큰 공동체 모든 곳에서 앎의 회복과 표현에 봉사하므로 인류에게 봉사한다. 그들은 많은 행성에서 사는 현자들을 대표하며, 삶의 큰 목적을 지원한다. 그들은 광활한 우주공간을 가로질러 종족·문화·기질·환경의 모든 경계를 넘어 위대한 앎과 지혜를 함께 공유한다. 그들의 지혜는 깊고, 그들의 기량은 출중하며, 그들이 머무는 곳은 은밀하다. 그들은 인류를 알고 있다. 왜냐하면 인류가 신흥 종족이고, 큰 공동체의 매우 어렵고 경쟁적인 환경으로 출현하고 있다는 것을 알기 때문이다.

◆

큰 공동체 영성
제15장: 누가 인류를 돕는가?

...20여 년 전, 몇 개의 다른 행성에서 온 한 무리가 지구에서 일어나고 있는 외계인 개입을 관찰하기 위해 우리 태양계 안에 있는 지구 근처 한 장소를 신중하게 선택하여 모였다. 그들은 지켜보기 좋은 은밀한 장소에서 지구를 방문하는 외계인들의 정체와 조직, 의도를 파악할 수 있었고 외계인들의 활동을 감시할 수 있었다.

이 관찰자 그룹은 스스로 "인류의 동행자"라고 했다.

이것이 그들의 보고서이다.

상 황

보 고

◆

지금 지구에 외계인이 있다

이 메시지를 들을 만큼 행운을 가진 당신들 모두에게 이 정보를 제공할 수 있게 된 것을 우리는 영광으로 생각한다. 우리는 인류의 동행자들이다. 이 메시지는 불가시 존재들의 도움으로 전송되고 있다. 불가시 존재들은 지구뿐만 아니라 다세계 큰 공동체에 사는 지적 생명체의 성장을 감독하는 영적 조언자이다.

우리는 이 메시지를 어떤 기계장치도 쓰지 않고 전혀 방해 염려가 없는 영적 통로를 이용하여 전하고 있다. 우리도 당신들처럼 물질계에서 살지만, 당신들과 공유해야 하는 이 정보를 전달하기 위해 이처럼 소통할 수 있는 특권을 부여받았다.

우리는 지구에서 일어나는 일들을 관찰하고 있는 작은 그룹이며, 큰 공동체에서 왔다. 우리는 인간의 일에 간섭하지 않으며, 여기에는 그런 시설도 없다. 우리는 매우 특별한 목적 때문에 파견되었으며, 그 일은 지구에서 일어나는 일들을 관찰하여 기회가 되면 우리가 본 것과 안 것을 당신들에게 알려주는 것이다. 왜냐하면 당신들은 지구 표면에서 살고 있어 지구 주위에서 일어나는 일을 볼 수도 없고, 지금 지구에서 일어나는 방문과 이 방문이 당신들 미래에 대해 무엇을 예고하는지 제대로 알 수도 없기 때문이다.

우리는 이것을 본 대로 알려주고자 한다. 이 일은 불가시 존재들의 요청으로 하고 있으며, 우리는 이 목적으로 파견되었다. 우리가 지금부터 전하는 이 정보는 당신들에게 매우 도전적이고 깜짝 놀랄 만한 것일지도 모른다. 어쩌면 이 메시지를 듣는 많은 사람이 이것을 전혀 예상하지 못했을 것이다. 우리도 우리 문화권에서 이런 일을 겪어야 했으므로 이런 어려움을 잘 안다.

이 정보를 들을 때, 처음에는 받아들이기가 어려울지도 모르지만, 세상에서 공헌하고자 하는 모든 이들에게 이 정보는 지극히 중요하다.

우리는 여러 해 동안 지구에서 일어나는 일들을 관찰해오고 있다. 우리는 인류와 어떤 관계도 맺으려 하지 않으며, 외교 임무를 띠고 이곳에 오지도 않았다. 다만 지구 근처에 머물면서 지금 말하려는 일들을 관찰하도록 불가시 존재들이 파견해서 왔다.

우리 이름은 중요하지 않다. 우리 이름은 당신들에게 아무런 의미가 없으며, 우리 안전을 위해서도 말하지 않아야 한다. 왜냐하면 우리가 드러나지 않은 채로 있어야 도울 수 있기 때문이다.

먼저, 인류가 지적 생명체로 이루어진 큰 공동체에 출현한다는 사실을 사람들이 곳곳에서 알고 있는 것이 필요하다. 지구에는 몇몇 외계 종족 그리고 다종족으로 이루어진 몇몇 조직이 방문하고 있다. 이 방문은 꽤 오랫동안 활발하게 진행되고 있다. 방문은 인류 역사를 통해 쭉 있었지만, 이처럼 엄청나지는 않았다. 핵무기가 출현하고 지구 자연계가 파괴됨으로써, 이 세력들이 지구에 발을 들여놓게 되었다.

이런 일이 일어나고 있는 것을 느끼기 시작한 사람들이 세상에 많다는 것을 우리는 안다. 또한 이 방문이 무엇을 뜻하고 무엇을 가져다줄 것인지에 대한 해석이 다양하다는 것도 안다. 이 일을 아는 많은 사람이 희망에 부풀고 인류에게 아주 좋은 일이 일어날 것으로 예상한다. 이해한다. 이렇게 기대하고 희망에 부푼 것은 자연스러운 일이다.

지금 지구 방문은 대단히 폭넓게 이루어지고 있다. 그래서 세계 곳곳에서 많은 사람이 이 방문을 목격하고 있으며, 그 영향을 직접 체험하고 있다. 다른 존재 집단인 방문자들이 큰 공동체에서 온 것은 인류의 진보나 영적 교화 때문이 아니다. 이처럼 많은 세력이 지구에 발을 들여놓는 것은 지구에 있는 자원 때문이다.

처음에는 이 말을 받아들이기가 어려울 수 있다는 것을 이해한다. 왜냐하면 당신들은 지구가 얼마나 아름답고 얼마나 많은 자원을 가졌으며, 황량하고 텅 빈 큰 공동체에서 얼마나 보기 드문 보석인지, 그 진가를 알아볼 수 없기 때문이다. 지구와 같은 행성은 실로 드물다. 현재 큰 공동체 대부분의 거주 지역은 개척된 이주지이며, 과학기술이 이것을 가능하게 했다. 그러나 기술의 도움 없이 자연스럽게 진화한 지구 같은 행성은 지극히 드물다. 그래서 당연히 다른 행성들이 이 점을 크게 주목하고 있다. 왜냐하면 지구의 생태자원은 수천 년 동안 몇몇 종족이 이용해왔기 때문이다. 어떤 종족들은 지구를 저장 창고로 간주했다. 하지만 인류 문명의 발전, 위험한 무기 생산, 자원의 감소는 외계인의 개입을 불러들였다.

어쩌면 당신은 방문자들이 인류 지도자들과 접촉하려는 외교적 노력을 왜 하지 않을까 의아해할지도 모른다. 일리 있는 질문이지만, 여기에는 인류를 대표할 수 있는 사람이 아무도 없다는 어려움이 있다. 왜냐하면 인류는 분열되어 있고, 지구 국가들은 서로 맞서 싸우기 때문이다. 또한 인류의 좋은 특질에도 불구하고, 방문자들 눈에는 인류가 호전적이고 공격적이며, 주변 우주에 피해와 적대감을 줄 것으로 보이기 때문이다.

그러므로 우리는 이 상황보고에서 지금 무슨 일이 일어나고 있는지, 그 일이 인류에게 무엇을 의미하는지 알려주고자 하며, 또한 그 일이 지구에서는 물론 다세계 큰 공동체에서 인류의 영적 성장과 사회발전, 인류의 미래에 어떤 연관이 있는지 알려주고자 한다.

사람들은 외계세력이 있다는 것을 모르며, 이기적 목적으로 인류와 동맹을 맺으려는 자원 탐사자들이 있다는 것을 모른다. 인류는 바깥 여행을 해보지 않아 스스로는 이런 일을 알 수 없으니, 아무래도 지구 바깥 생활이 어떠한지 알려주는 것부터 시작해야 할 것 같다.

지구는 이 은하에서 꽤 밀집한 주거지역에 위치한다. 이 은하 모든 지역이 이처럼 밀집해서 거주하지는 않는다. 탐사되지 않은 지역도 많고, 드러나지 않은 종족도 많다. 행성 간에 상업·무역은 특정지역에서만 이루어진다. 인류가 출현하는 지역은 경쟁이 심하다. 모든 곳에서 자원 부족을 겪고 있으며, 대다수 기술사회가 천연자원을 자국 행성에서 나오는 것보다 훨씬 더 많이 쓰므로, 필요한 것을 구하기 위해 교역하고 물물교환하고 여행해야 한다. 매우 복잡한 환경이다. 많은 동맹이 형성되고, 그들 사이에 충돌이 일어난다.

이쯤에서 당신들은 인류가 출현하는 큰 공동체가 어렵고 도전적인 환경이지만, 그 환경이 인류에게 큰 기회와 가능성을 준다는 것을 깨달아야 할 것이다. 그러나 이 가능성과 이점을 실현하려면, 인류는 대비해야 하고 우주의 삶이 어떤 것인지 배워야 한다. 또한 지적 생명체로 이루어진 큰 공동체에서 영성이 무얼 뜻하는지 이해해야 한다.

이 일은 어떤 세계든 한 번은 넘어야 하는 가장 큰 문턱이라는 것을 우리는 우리 자신의 역사를 통해서 알고 있다. 그러나 그 문턱은 당신들 스스로 계획할 수 있는 그런 것이 아니며, 당신들이 자신의 미래를 위해 설계할 수 있는 그런 것이 아니다. 왜냐하면 큰 공동체 현실을 이곳에 가져올 바로 그 세력들이 이미 지구에 와 있기 때문이다. 상황이 그들을 이곳에 불러들였으며, 그들은 이미 이곳에 와 있다.

이제 지구 바깥 삶이 대충 어떤 것인지 짐작했을 것이다. 우리는 두려운 생각을 조장하고 싶지 않다. 하지만 당신들은 인류의 안녕과 미래를 위해 반드시 정직하게 평가하여 이 일을 똑바로 볼 수 있어야 한다.

우리가 느끼기에는, 큰 공동체의 삶을 대비하는 것이 지금 지구에서 가장 중요한 문제로 보인다. 그러나 우리가 관찰한 바로는, 사람들은 자신들의 운명을 바꾸고 미래에 영향을 줄 큰 세력들을 알아차리지 못한 채, 일상생활에서 일어나는 자신의 일과 문제에만 사로잡혀 있다.

지금 여기 와 있는 세력들과 집단들은 몇몇 서로 다른 동맹을 대표한다. 이들 동맹 간에는 그들이 하는 일에서 서로 결속되어 있지 않다. 그들 각각의 동맹은 지구 자원을 계속 얻을 목적으로 협력하는 서로 다른 몇몇 종족집단으로 구성되어 있다. 본질적으로 이처럼 다른 동맹들은, 비록 서로 싸우지는 않더라도 경쟁 관계에 있다. 그들은 지구를 자기들이 갖고 싶은 큰 보물처럼 여긴다.

그래서 당신네 지구인에게 엄청난 도전이 생긴 것이다. 왜냐하면 지구를 방문하는 세력들은 기술만 진보한 것이 아니라, 사회 응집력이 강하여 정신환경에서 생각에 영향을 줄 수도 있기 때문이다. 기술은 큰 공동체에서 쉽게 구할 수 있으므로 경쟁하는 사회들 사이에서 우위를 차지하려면, 생각에 영향을 주는 능력이 있어야 한다. 그래서 정신환경에 영향을 주는 능력이 매우 정교한 모습을 띠게 되었다. 인류는 이것을 이제 겨우 발견하기 시작했다.

그래서 방문자들은 엄청난 무기로 무장하거나, 군대나 무적함대를 끌고 오지 않는다. 그들은 상대적으로 적은 수가 오지만, 사람들에게 영향을 주는 데는 상당한 기량을 가졌다. 큰 공동체에서는 이처럼 더욱 세련되고 성숙된 힘을 사용한다. 인류가 다른 종족들과 성공적으로 겨루려면, 앞으로 길러야 할 것이 바로 이 기량이다.

방문자들은 인류의 충성심을 얻으려고 여기 와 있다. 그들은 인간이나 인간이 만든 시설물을 파괴하기보다는 그들의 이익을 위해 이 모든 것을 이용하고자 한다. 그들의 의도는 파괴가 아니라, 이용이다. 그들은 지구를 구하고 있다고 믿으므로 옳은 일을 한다고 느낀다. 심지어 어떤 방문자들은 자멸하는 인류를 구하고 있다고 믿는다. 그러나 이런 관점은 인류에게 이롭지도 않을 뿐만 아니라, 인간 가족이 지혜나 자결권을 기르는 데도 보탬이 되지 않는다.

하지만 다세계 큰 공동체 안에는 선한 세력이 있으므로, 인류에게는 동행자들이 있다. 우리가 바로 그 동행자들을 대변하며, 인류의 동행자들을 대표한다. 우리는 지구 자원을 이용하려 하거나, 당신들이 가진 것을 뺏으려고 여기 오지 않았다. 우리는 인류를 의존국으로 만들려 하거나, 지구를 우리의 이용 목적으로 식민화하려 하지 않는다. 그와는 반대로, 우리는 인류 내면에 있는 힘과 지혜를 기르기를 바란다. 왜냐하면 우리는 큰 공동체 전역에 걸쳐 이런 일을 지원하기 때문이다.

그래서 우리의 역할은 정말 중요하며, 우리의 정보는 대단히 필요하다. 왜냐하면 지금 방문자들이 있다는 것을 아는 사람들마저도 이 시점에서는 아직 그들의 의도를 모르기 때문이다. 사람들은 방문자들의 수법을 알지 못하며, 방문자들의 윤리나 도덕을 이해하지 못한다. 사람들은 방문자들을 천사나 괴물로 생각한다. 하지만 실제로는 그들에게 필요한 것을 보면 당신들과 똑같다. 만약 당신이 그들 눈으로 지구를 볼 수 있다면, 그들의 생각과 동기를 이해할 것이다. 하지만 그러기 위해서는 당신은 과감히 자신의 생각 너머까지 나아가려고 해야 할 것이다.

방문자들은 지구에서 영향력을 가지려고 네 가지 기본 활동을 한다. 이 활동 하나하나는 각기 독특한 특성이 있지만, 모두 서로 연결되어 있다. 방문자들은 오랫동안 인류를 연구해왔으므로 그 활동들은 지금 진행 중에 있다. 인간의 생각·행동·생리·종교 등을 그들은 한동안 연구해왔다. 그래서 이런 것을 잘 이해하므로 그들 목적에 맞게 이용할 것이다.

방문자들의 첫 번째 활동분야는 권력이나 권위를 가진 사람들에게 영향을 주는 것이다. 방문자들은 지구 자원을 비롯해서 그 어떤 것도 파괴하고 싶지 않으므로, 주로 정부나 종교계에서 권력자로 여겨지는 이들에게 영향력을 가지려 한다. 그들은 접촉을 시도하되, 오직 특정인들하고만 한다. 그들에게는 이렇게 접촉할 능력이 있으며, 설득할 능력도 있다. 모두는 아니지만, 그들이 접촉한 상당수는 설득당할 것이다. 엄청난 권력과 기술, 세상 지배권을 갖도록 해준다고 약속하면, 많은 사람이 흥미를 느낄 것이다. 방문자들은 바로 이런 사람들과 관계를 맺으려 할 것이다.

정부 요직에서 그런 영향을 받는 사람이 지금은 극히 적지만, 그 수가 늘어나고 있다. 방문자들은 그들 자신이 명령계통을 따르는 권력계급에서 살기 때문에 권력의 속성을 이해한다. 그들은 고도로 조직화되어 있고, 자신이 하는 일에 깊이 집중한다. 자유롭게 생각하는 사람들로 가득 찬 문화를 갖는다는 것은 그들에게 대체로 생소한 개념이다. 그들은 개인의 자유를 이해하지 못한다. 그들은 큰 공동체에 있는 많은 고도 기술사회와 같다. 그 사회에서는 매우 엄격한 형태로 확고부동하게 정착된 정부와 조직을 활용하여, 자국 행성은 물론 아주 멀리 떨어진 그들의 기지까지 운영한다. 방문자들은 인류가 혼란스럽고 제멋대로라고 믿고 있으므로, 이런 혼란스러운 상황에 그들이 질서를 가져다주고 있다고 느낀다. 개인의 자유란 그들에게 미지의 것이며, 그래서 그들은 그 가치를 모른다. 따라서 그들이 지구에 수립하려는 것이 개인의 자유를 존중하지는 않을 것이다.

그러므로 그들의 첫 번째 활동분야는 권력과 영향력을 가진 사람들에게서 충성을 얻기 위해 그런 사람들과 관계를 맺고, 관계와 공동목적의 이로운 점들을 그들에게 납득시키는 것이다.

두 번째 활동분야는 어쩌면 당신들 관점에서 보면 생각해내기가 가장 어려울 수 있는데, 인류의 종교적 가치관과 충동을 조종하는 것이다. 방문자들은 인류가 가진 가장 큰 능력이 가장 큰 취약점도 된다는 것을 안다. 개인의 복원에 대한 사람들의 열망은 심지어 큰 공동체에까지도 인간 가족이 보여주어야 하는 가장 큰 자산 중 하나이다. 그러나 이것이 약점도 된다. 그래서 이용되는 것이 바로 이 종교적 충동과 가치관이다.

방문자들은 정신환경에서 어떻게 말하는지 알기 때문에 그들 중 몇몇 집단은 그들 자신을 영적 매개체로 정착시키고자 한다. 그들은 사람들에게 직접 의사를 전달할 수 있다. 하지만 유감스럽게도 지구에는 영적 음성과 방문자들의 음성을 구별할 수 있는 사람이 거의 없으므로 상황은 더욱 어렵다.

그러므로 두 번째 활동분야는 사람들의 종교적·영적 동기를 자극하여 그들의 충성을 얻는 것이다. 실제로 이 일은 꽤 쉽게 해낼 수 있는데, 이는 인류가 정신환경에 아직 강하지 않기 때문이다. 이런 충동이 어디서 오는지 사람들이 분별하기는 쉽지 않다. 왜냐하면 많은 사람이 위대한 음성과 힘을 가지고 있다고 여겨지는 것에 자신을 맡기고 싶어 하기 때문이다. 방문자들은 지구에서 소중히 여기고 성스럽게 여기는 모습, 즉 성자·스승·천사 등의 모습을 투영할 수 있다. 방문자들은 아주 오랜 세월에 걸쳐 서로에게 영향을 주려고 시도하는 것을 통해서, 또 큰 공동체 많은 곳에서 실행되는 설득 수단을 배움으로써, 이 능력을 길렀다. 방문자들은 인류를 원시인으로 여긴다. 그래서 인류에게 이런 영향력을 행사할 수 있고, 이런 방법을 활용할 수 있을 것으로 생각한다.

방문자들은 민감하고 잘 받아들이며 천부적으로 협조적인 사람으로 여겨지는 이들과 지금 접촉을 시도하고 있다. 많은 사람을 대상으로 삼겠지만, 이런 특별한 자질을 가진 소수만이 선택될 것이다. 방문자들은 이 사람들에게 그들이 인류를 영적으로 끌어 올려주고 인류에게 새로운 희망·축복·힘을 주기 위해 여기 왔다고 하면서, 이 사람들의 충성을 얻어내려 하고, 신뢰를 얻어내려 하며, 헌신을 얻어내려 할 것이다. 실제로 그들은 사람들이 간절히 원하지만, 아직 혼자서 찾아내지 못한 것들을 약속한다. "어떻게 그런 일이 일어날 수 있지?"라고 어쩌면 당신은 의아하게 여길지 모른다. 하지만 이런 기술과 능력은 한 번 배우고 나면, 그리 어려운 일이 아니다.

방문자들이 여기서 기울이는 노력은 영적 설득을 통해 사람들을 회유하고 재교육하는 것이다. 이런 "회유책"은 종교단체가 다르면 다른 대로, 그쪽 이념과 기질에 맞게 이용된다. 이 회유책은 항상 잘 받아들이는 사람을 대상으로 삼는다. 여기서 방문자들은 사람들이 분별력을 잃고, 그들이 제공하는 힘을 전적으로 믿게 될 것으로 기대한다. 그리하여 충성심이 일단 자리잡으면, 사람들은 자신이 내면에서 아는 것과 그들에게서 들은 것을 구별하기가 점점 더 어려워진다. 이 회유책은 매우 미묘하지만, 설득하고 조종하는 데 매우 널리 퍼져있는 방식이다. 우리는 나중에 이 점을 더 상세히 이야기할 것이다.

그럼 이제부터는 세 번째 활동분야를 다루겠다. 이것은 방문자들이 지구에 자리잡는 것이며, 사람들이 그들의 존재에 익숙해지게 하는 것이다. 방문자들은 세상 한가운데서 일어나고 있는 이 엄청난 변화에 인류가 익숙해지기를 바란다. 방문자들의 외모에 익숙해지기를 바라고, 세상 정신환경에 그들이 주는 영향에 익숙해지기를 바란다. 이 목적을 이루기 위해 비록 밖으로 보이지는 않겠지만, 지구에 기지들을 세울 것이다. 이 기지들은 숨겨져 있겠지만, 그 주위에 있는 사람들에게 매우 강력한 영향을 줄 것이다. 방문자들은 이 기지들이 효과적이고 많은 사람이 그들에게 확실히 충성을 바치도록 하는 데 많은 시간과 공을 들일 것이다. 그리고 방문자들을 지키고 보호할 사람들이 바로 이런 식으로 해서 충성하는 사람들이다.

이것이 바로 지금 지구에서 일어나고 있는 일이다. 이는 큰 도전이면서, 안타깝게도 큰 위험이다. 우리가 지금 말하는 것과 똑같은 일이 큰 공동체 많은 곳에서 무수히 일어났다. 그리고 인류와 같은 신흥 종족이 항상 가장 취약하다. 신흥 종족 중 일부는 이런 외부영향을 상쇄할 수 있을 만큼 그들의 자각과 능력을 키우고 협조하여 큰 공동체에서 자리를 잡을 수 있지만, 대개는 이런 자유를 맛보기도 전에 외부세력의 영향과 통제 아래에 들어가고 만다.

이 정보가 상당한 두려움을 유발할 수 있고, 그래서 어쩌면 거부나 혼란을 야기할 수 있음을 우리는 이해한다. 그러나 우리는 일어나는 일들을 관찰하면서 이 상황을 실제 있는 그대로 알아차리는 사람이 거의 없다는 것을 알았다. 외계인 세력이 있다는 것을 알게 된 사람들마저도 상황을 명확하게 볼 수 있는 위치에 있지 않다. 그래서 그 사람들은 줄곧 희망적이고 낙천적인 자세로, 이 엄청난 현상에 되도록 긍정적 의미를 부여하려고 한다.

그러나 큰 공동체는 경쟁적인 환경이고, 어려운 환경이다. 우주여행을 한다고 해서 영적으로 진보한 것은 아니다. 왜냐하면 영적으로 앞선 이들은 오히려 큰 공동체와 격리되어 있으려 하기 때문이다. 그들은 무역하는 것을 원하지 않으며, 다른 종족들에게 영향을 주려 하거나, 상호무역과 이익을 위해 세워진 매우 복잡한 관계망에 들어가려 하지 않는다. 그 대신 드러내지 않은 채 조용히 있으려 한다. 어쩌면 당신들이 이 점을 이해하기가 매우 어려울 수도 있겠지만, 인류가 당면한 곤경을 이해하려면 꼭 알아야 한다. 그런데 이 곤경은 큰 가능성 또한 담고 있다. 우리가 이 점에 관해서 지금부터 이야기하고자 한다.

상황은 심각하지만, 우리는 이 상황이 인류에게 비극이라고 보지는 않는다. 실제로 이 상황을 알아차리고 이해할 수 있다면, 또 지금 세상에 있는 큰 공동체 준비 프로그램을 활용하고 공부하고 적용할 수 있다면, 곳곳에서 양심을 가진 사람들이 큰 공동체에서 전해주는 앎과 지혜를 배울 능력을 얻을 것이다. 그래서 곳곳에서 사람들이 협동할 수 있는 기반을 찾을 수 있게 되어, 인간 가족이 이전에는 결코 이뤄보지 못한 통합을 마침내 이룰 수 있을 것이다. 왜냐하면 인류가 통합하기 위해서는 큰 공동체의 먹구름이 필요하기 때문이다. 그런데 그 먹구름이 지금 몰려오고 있다.

지적 생명체로 이루어진 큰 공동체에 출현하는 것은 인류의 진화이다. 이 일은 인류가 준비되었든 준비되지 않았든, 일어날 것이다. 그리고 이 일은 일어나야 한다. 그래서 준비가 그 열쇠이다. 이해와 명료성, 바로 이것이 지금 인류에게 절실히 필요한 것이다.

명확히 보고 알 수 있는 큰 영적 재능을 가진 사람들이 곳곳에 많다. 지금은 이 재능이 필요할 때이다. 그 재능이 인정받고 활용되고 자유롭게 공유되어야 한다. 이 일은 세상에 있는 큰 스승이나 성자에게만 해당되는 것이 아니다. 이 재능은 이제 매우 많은 사람이 길러야 한다. 왜냐하면 상황은 필요성을 가져오고, 필요성이 받아들여지면, 그 필요성은 큰 기회를 가져오기 때문이다.

그러나 큰 공동체에 관해서 배우고 큰 공동체 영성을 체험해 나가는 데 필요한 것이 대단히 많다. 인류가 이처럼 짧은 기간에 이렇게 많은 것을 배워야 했던 적이 전에는 결코 없었다. 실제로 지구에서 전에 이런 것을 배운 이는 거의 없었다. 그러나 지금은 필요한 것이 변했고, 상황이 다르다. 지금은 당신들이 느낄 수 있고 알 수 있는 새로운 영향이 당신들 한가운데 존재한다.

방문자들은 사람들이 내면에서 이런 통찰력과 앎을 가질 수 없게 하려 한다. 왜냐하면 방문자들은 이런 통찰력과 이런 앎이 없기 때문이다. 방문자들은 그 가치를 모르며, 그 실체를 이해하지 못한다. 이 점에서는 인류가 전반적으로 방문자들보다 더 앞서 있다. 그러나 이것은 단지 가능성만을 말한 것이며, 지금 그 가능성을 키워야 한다.

날이 갈수록 세상에는 외계인이 늘어나고 있다. 점점 더 많은 사람이 그들의 설득에 넘어가고, 아는 능력을 상실하며, 혼란 속에서 주의가 산만해지고 있다. 그리고 이기적 목적으로 인간을 이용하려는 이들을 앞에 두고 약해지고 무력해질 수밖에 없게 만드는 것들을 믿고 있다.

인류는 신흥 종족이며, 취약하다. 그리고 전에는 결코 접해본 적이 없는 환경과 영향을 지금 접하고 있다. 인류는 인간끼리만 서로 경쟁하면서 진화해왔으며, 다른 종류의 지적 생명체와는 결코 경쟁해보지 않았다. 하지만 상황을 명확히 보고 이해할 수 있다면, 바로 이 경쟁이 인류를 강하게 할 것이고, 인류의 가장 위대한 자질을 깨울 것이다.

이 힘을 깨우는 것이 불가시 존재들의 역할이다. 당신들이 천사라고 부르는 불가시 존재들은 인간의 가슴에만 말하는 것이 아니라, 들을 수 있고 듣는 자유를 얻은 이들이 있는 곳이면 어디에서나 그들 가슴에 말한다.

그래서 우리가 어려운 메시지를 가지고 왔다. 하지만 이 메시지는 가능성과 희망이 담겨 있다. 어쩌면 사람들은 이 메시지를 듣고 싶어하지 않을지도 모르며, 방문자들은 당연히 알리고 싶지 않을 것이다. 이 메시지는 사람들 사이에서 공유될 수 있으며, 공유될 것이다. 왜냐하면 그리하는 것이 자연스럽기 때문이다. 하지만 방문자들이나 그들 설득에 넘어간 사람들은 여전히 이렇게 알려지는 것에 반대할 것이다. 그들은 인류가 독립하기를 바라지 않는다. 인류의 독립은 그들의 목적이 아니며, 심지어는 인류의 독립이 바람직한 일로 믿지도 않는다. 그래서 당신들이 우리가 하는 말을 두려움으로 바라볼 것이 아니라, 여기에 맞게 진지한 마음과 깊은 관심으로 바라볼 것을 우리는 진심으로 바란다.

인류에게 큰 변화가 다가오고 있다는 것을 느끼는 사람이 지금 세상에 많다는 것을 우리는 안다. 불가시 존재들이 우리에게 이것을 말해주었다. 이 변화를 감지하는 데는 많은 원인이 있으며, 많은 결과가 예견된다. 하지만 지적 생명체로 이루어진 큰 공동체에 출현한다는 현실을 인류가 이해하지 못하면, 당신은 인류의 운명과 세상의 큰 변화를 어떻게 이해해야 할지 여전히 바른 맥락을 찾지 못할 것이다.

우리 관점에서 바라보면, 사람은 그 시대에 봉사하기 위해 그 시대에 태어난다. 이것은 큰 공동체 영성에서의 가르침이며, 우리 또한 이 가르침의 학생이다. 큰 공동체 영성은 자유를 가르치고, 공동목적의 힘을 가르친다. 그리고 권한을 개인에게 주며, 다른 사람들과 공동으로 일할 수 있는 개인에게 준다. 큰 공동체는 천국 같은 상태가 아니므로 이런 개념이 인정받거나 채택되는 경우가 매우 드물다. 큰 공동체는 생존과 그에 따른 모든 것을 겪어야 하는 혹독한 물리적 현실이다. 이 현실에 사는 존재는 모두 이런 어려움과 싸워야 한다. 이런 점에서 방문자들은 당신이 알고 있는 것보다 훨씬 더 당신들과 닮았다. 그들은 이해할 수 없는 그런 존재가 아니다. 그들은 이해할 수 없는 존재로 남아 있고 싶겠지만, 그들은 그런 존재가 아니다. 당신은 이해할 수 있는 힘을 가졌지만, 맑은 눈으로 보아야 한다. 당신은 깊은 통찰력으로 보아야 하고, 깊은 지성으로 알아야 한다. 이 깊은 지성은 당신이 내면에서 기를 수 있다.

이제 우리는 두 번째 활동분야인 영향력과 설득력에 대해 좀 더 상세하게 이야기할 필요가 있다. 왜냐하면 이것은 매우 중요한 일이며 당신이 이것을 이해하고 혼자서 깊이 생각해볼 것을 우리는 간절히 바라기 때문이다.

지구에서 종교는 정부보다도, 그 밖의 다른 어떤 기관보다도 인간의 헌신과 충성에 열쇠를 쥐고 있다. 이것은 인류를 잘 대변해준다. 왜냐하면 이런 영향력을 가진 종교가 큰 공동체에서는 찾아보기가 힘들기 때문이다. 이 점에서 지구는 풍요롭지만, 이것이 강점이면서 약점도 된다. 많은 사람이 신에게서 인도받고 선택되기를 바라고, 자기 삶의 통제권을 넘겨주고 싶어 하며, 큰 영적 힘이 자신을 인도하고 조언해주고 지켜주기를 바란다. 이것이 진정으로 바라는 것이지만, 이런 바람을 이루려면, 큰 공동체 관점에서 볼 때, 상당한 지혜를 연마해야 한다. 사람들이 지금까지 결코 가져보지 못한 것을 얻으려고 자신의 권한을 너무나 쉽게 내주고, 알지 못한 이들에게 기꺼이 내주는 것을 볼 때, 우리는 매우 안타깝다.

이 메시지는 영적인 것에 깊이 끌리는 사람들에게 전달되게 되어 있다. 그래서 우리는 이 주제에 대해 정성을 들여야 한다. 우리는 큰 공동체에서 가르치는 영성, 즉 국가나 정부나 정치적 동맹에 지배받는 영성이 아니라, 아는 능력, 보고 행동하는 능력인 타고난 영성을 지지한다. 물론 방문자들은 이러한 영성을 중시하지 않는다. 방문자들은 사람들이 그들을 인류의 가족, 인류의 고향, 인류의 형제자매이자 부모라고 믿게 하려고 한다. 그렇게 믿기를 바라는 사람이 많으며, 그래서 그들은 그렇게 믿는다. 사람들은 자신의 개인 권한을 넘겨주기를 바라며, 그래서 그렇게 넘겨준다. 사람들은 방문자들을 친구와 구원자로 보기를 바라며, 그래서 방문자들이 그렇게 보인다.

이런 속임수와 어려움을 뚫고 보려면, 상당한 냉철함과 객관성이 필요할 것이다. 인류가 성공적으로 큰 공동체에 출현하여 큰 영향력과 큰 세력들이 있는 환경에서 자유와 자결권을 유지하려면, 사람들은 이런 속임수와 어려움을 뚫고 보아야 할 것이다. 큰 공동체 환경에서는 총 한 방 쏘는 일 없이 지구가 점령당할 수 있다. 왜냐하면 폭력은 원시적이고 야만적으로 여겨 이런 문제를 다룰 때 거의 쓰지 않기 때문이다.

어쩌면 당신은 "지구에 침략이 있다는 뜻인가?"라고 물을지 모른다. "그렇다"라고 말할 수 있다. 가장 미묘한 형태의 침략이다. 당신이 이런 생각을 품고 진지하게 살펴본다면, 혼자서도 이 일을 알 수 있을 것이다. 이 침략의 증거는 곳곳에 있다. 행복·평화·안전을 얻고 싶은 소망 때문에 인간의 능력이 어떻게 상쇄되는지, 인류 문화권 안에서조차 주위 영향에 인간의 통찰력과 능력이 어떻게 방해받는지 당신은 알 수 있다. 그런데 큰 공동체 환경에서는 이 영향력이 얼마나 크겠는가!

이것이 우리가 알려야 하는 어려운 메시지이다. 이것이 전해져야 하는 메시지이며, 전달되어야 하는 진실, 지극히 중요하여 뒤로 미룰 수 없는 진실이다. 사람들이 자신의 참된 능력을 찾아 효과적으로 쓸 수 있도록 바로 지금 위대한 앎, 위대한 지혜, 위대한 영성을 배우는 것이 절실히 필요하다.

인류의 자유와 지구의 미래가 걸린 일이다. 그래서 우리가 인류의 동행자들을 대표해서 여기에 파견되었다. 우주에는 앎과 지혜를 계속 보존하는 이들, 큰 공동체 영성을 실천하는 이들이 있다. 이들은 다른 행성에 영향을 주려고 여기저기 여행하지 않는다. 이들은 사람들을 강제로 데려가거나, 지구에 있는 동물이나 식물을 훔쳐가지 않는다. 이들은 지구 정부들에 영향을 주려고 하지도 않고, 새로운 지도층을 만들려고 인간과 교배하려고도 하지 않는다. 동행자들은 인간의 문제에 간섭하지 않으며, 인간의 운명을 조종하지 않는다. 이들은 멀리서 지켜보고서, 조언하고 격려하고 필요한 경우에는 상황을 명료하게 알려주기 위해, 우리에게는 아주 위험한 일이지만, 우리와 같은 사절단을 보낸다. 그러므로 우리는 긴요한 메시지를 가지고 평화적으로 온다.

　이제 우리는 네 번째 활동분야를 이야기해야 한다. 방문자들은 교배를 통해 이곳에 자리잡으려 한다. 그들은 지구 환경에서 살 수 없다. 그래서 인간의 체력이 필요하고, 지구와 인간의 자연적 친화성이 필요하며, 인간의 번식능력이 필요하다. 또한 그들은 인간과 결속되기를 바란다. 왜냐하면 이 결속에서 충성심이 생긴다는 것을 그들은 알고 있기 때문이다. 이것은 어떤 면에서 그들 자신이 이곳에 정착하는 것과 같다. 왜냐하면 그런 프로그램을 통해 생겨난 자손은 지구인의 피를 가지지만, 방문자들에게 충성할 것이기 때문이다. 어쩌면 이 말이 믿기 어려울 수도 있지만, 지극히 사실이다.

　방문자들은 인간에게 번식능력을 뺏으려고 여기 있는 것이 아니다. 그들은 여기에 자리잡으려고 와 있으며, 인류가 그들을 믿고 섬기며, 그들을 위해 일하기를 바란다. 그들은 이 목적을 이루기 위해 무엇이든 약속하고 제안하며, 무슨 짓이든 할 것이다. 그들의 설득력은 대단하지만, 그들 수는 적다. 그러나 그들의 영향력은 커지고 있으며, 이미 몇 세대에 걸쳐 진행해온 이종교배 프로그램은 끝내 효과를 발휘할 것이다. 엄청난 지능을 가진 인간이면서 인간 가족에 속하지 않은 인간이 생길 것이다. 이런 일은 가능하며, 큰 공동체에서는 수도 없이 발생했다. 인류는 종족이나 문화 사이에 서로 어떻게 영향을 주는지, 또 그 교류가 어떻게 지배력과 영향력을 주는지 알려면, 단지 인류 역사를 보기만 하면 된다.

그래서 우리가 중요하고도 심각한 소식을 가져왔다. 하지만 당신들은 용기를 내야 한다. 왜냐하면 지금은 양가성을 품고 있을 때가 아니기 때문이다. 지금은 도망갈 궁리를 할 때가 아니며, 자신의 행복만을 위해 걱정할 때가 아니다. 지금은 세상에 공헌할 때이고, 인간 가족을 튼튼히 할 때이며, 사람들에게 내재된 본디 능력, 즉 보고・아는 능력, 서로 화합하여 행동하는 능력을 발휘할 때이다. 이 능력이 지금 인류에게 미치고 있는 영향력을 상쇄시킬 수 있지만, 먼저 이 능력이 커지고 공유되어야 한다. 무엇보다 이것이 중요하다.

이것이 우리의 조언이다. 우리는 선의로 이곳에 왔다. 큰 공동체에 동행자들이 있음을 기뻐하라. 왜냐하면 지금 인류에게는 동행자들이 필요하기 때문이다. 인류는 지금 큰 우주, 아직 어떻게 대응해야 할지 모르는 세력들과 영향으로 가득 찬 우주로 들어가고 있다. 인류는 지금 삶의 거대한 파노라마 속으로 들어가고 있다. 인류는 여기에 대비해야 한다. 우리가 하는 말은 준비의 일부에 지나지 않는다. 준비 프로그램은 지금 세상에 전달되고 있다. 그 준비 프로그램은 우리가 보내지 않는다. 그것은 모든 생명의 창조주에게서 오며, 아주 정확한 시기에 온다. 왜냐하면 지금은 인류가 강해지고 지혜로워져야 할 때이기 때문이다. 당신들에게는 그럴 능력이 있다. 당신들 삶에서 일어나는 일들과 환경이 그 필요성을 낳는다.

도전받는 인간의 자유

인류의 집단적 성장에 매우 위험하고 중대한 시기가 다가오고 있다. 인류는 지적 생명체로 이루어진 큰 공동체에 출현하기 직전에 있다. 그래서 당신들은 지구에 오는 다른 종족들, 즉 자신의 이익을 지키고자 하고 기회가 될 만한 것들을 찾고자 하는 종족들과 마주치게 될 것이다. 그들은 천사나 천사 같은 존재가 아니며, 영적 존재가 아니다. 그들은 신흥 행성인 지구에서 자원을 얻고, 동맹을 맺으며, 득을 보려고 오는 존재들이다. 그들은 사악하지도 성스럽지도 않다. 이 점에서 그들은 당신들과 똑같다. 그들은 단순히 그들에게 필요한 것, 그들 단체와 그들 믿음, 그들 집단 목표에 따라 움직인다.

지금은 인류에게 매우 중요한 시기이지만, 인류는 준비되지 않았다. 지켜보기 좋은 위치에 있는 우리는 돌아가는 상황을 훨씬 더 폭넓게 볼 수 있다. 우리는 지구인의 일상생활에는 관심이 없다. 또 정부를 설득하지도 않으며, 지구의 특정 지역이나 특정 자원에 소유권을 주장하지도 않는다. 그 대신, 우리는 지켜보고 나서, 본 것을 알려주고자 한다. 왜냐하면 이것이 이곳에서 우리의 사명이기 때문이다.

요즈음 많은 사람이 이상한 불편함과 막연한 긴박감, 무언가 지금 곧 일어날 것 같고, 무언가를 해야만 할 것 같은 느낌을 느낀다고 불가시 존재들이 우리에게 말해주었다. 어쩌면 그들의 일상 체험 영역에서는 그 어떤 것도 이 깊은 느낌을 해명해주거나 그 중요성을 입증해주지 못할 것이고, 이 느낌의 본질을 알려주지 못할 것이다. 우리는 우리 역사에서 직접 이런 비슷한 일들을 겪었기 때문에 이해할 수 있다. 우리는 우주에서 앎과 지혜의 출현을 돕기 위해 작은 동맹으로 결성된 몇몇 종족을 대표한다. 이 동맹은 특히 큰 공동체에 막 출현하는 종족들을 돕는다. 새로 출현하는 종족은 외부 영향과 조종에 특히 취약하다. 그래서 특히 자신의 상황을 잘못 이해하기가 쉽다. 당연히 그럴 수밖에 없는 것이 어떻게 신흥 종족이 큰 공동체 삶의 의미와 복잡성을 이해할 수 있겠는가? 그래서 우리가 인류를 준비시키고 교육하는데 작은 역할을 맡고자 하는 것이다.

상황보고-1에서 우리는 방문자들이 개입하는 네 가지 분야를 개괄적으로 말했다. 첫째는 정부나 종교단체 요직에 있는 사람들에게 주는 영향이고, 둘째는 영적 성향이 있고 우주에 존재하는 강대 세력들에 마음을 여는 사람들에게 끼치는 영향이며, 셋째는 인구 밀집지역 근처에서 정신환경에 영향력을 행사할 수 있는 전략적 거점에 외계인 기지 건설이다. 마지막으로 넷째는 상당 기간 진행해온, 인류와의 이종교배 프로그램이다.

외계에서 오는 방문자들이 인류에게 축복과 큰 혜택을 가져올 것이라는 희망과 기대에 부풀어 있던 사람들에게 이 소식이 얼마나 마음을 어지럽히고 얼마나 실망을 주게 될지 우리는 이해한다. 축복과 혜택을 가정하고 기대하는 것이 어쩌면 자연스러울 수도 있지만, 인류가 출현하는 큰 공동체는 어렵고 경쟁적인 환경이다. 특히 많은 종족이 서로 경쟁하며 상업·무역을 하는 우주 지역은 더욱 그러한데, 지구가 그런 지역에 자리잡고 있다. 당신들은 광활한 우주공간에서 인류만 홀로 산다고 항상 여겼으므로 이 말이 믿기지 않을지도 모른다. 그러나 실제로 당신들은 우주의 밀집 주거지역에 살고 있으며, 여기에는 상업·무역이 정착되었고, 관습·교류·제휴가 오랜 기간 자리잡고 있다. 그리고 행성들 대부분이 매우 황량한 것과는 대조적으로 인류는 다행스럽게도 아름다운 지구, 다양한 생명체로 이루어진 정말 멋진 곳에서 살고 있다.

하지만 이 사실 또한 당신네 상황을 매우 위급하게 하고, 위험한 처지로 몰아넣는다. 왜냐하면 다른 많은 종족이 갖고 싶은 것을 인류가 가졌기 때문이다. 그들은 인류를 섬멸하려는 것이 아니라, 인류의 충성과 협조를 얻고자 한다. 그래서 당신들이 지구에서 생활하고 활동하는 것을 그들에게 이익이 되게 하는 것이다. 인류는 지금 복잡하고 성숙한 환경으로 출현하고 있다. 이때 당신은 어린아이처럼 마주치는 이들마다 모두 믿으면서, 축복을 기대해서는 안 된다. 우리가 힘든 역사를 통해 현명해지고 분별력을 가져야만 했듯이, 당신들도 현명해지고 분별력을 가져야 한다. 이제 인류는 큰 공동체의 방식들에 관해 배워야 할 것이다. 즉, 종족들 사이에서 서로에게 미치는 영향의 복잡성, 무역거래의 복잡성, 행성들 사이에 수립된 연합이나 동맹의 미묘한 조종 등을 배워야 할 것이다. 지금은 인류에게 어려우면서 동시에 중요한 시기이며, 제대로 준비만 되면 큰 가능성의 시기이다.

이번 상황보고-2에서 우리는 다수의 방문자 그룹이 인간문제에 개입하는 일이 당신들에게 무엇을 뜻하고 당신들이 무엇을 준비해야 하는지 더 상세하게 이야기하겠다. 우리는 두려움을 조장하려고 온 것이 아니라, 책임감을 불러일으켜 큰 자각을 하게 하고, 새로 맞이하는 삶, 큰 삶이지만 동시에 큰 문제와 도전이 있는 삶을 준비하도록 격려하려고 왔다.

우리는 영적 힘과 불가시 존재들의 현존을 통해 여기에 파견되었다. 당신들은 불가시 존재들을 다정스럽게 천사라고 말하는데, 큰 공동체에서 이들의 역할은 매우 크며, 이들의 관여와 협조는 매우 깊이 스며들어 있다. 이들의 영적 힘은 모든 행성 곳곳에 있는 지적 존재들을 축복하며, 행성들 사이에서나 행성 내부에서, 관계를 평화롭게 맺을 수 있게 하는 앎과 지혜의 개발을 돕는다. 우리는 이들 대리로 여기 왔다. 이들이 우리에게 오라고 청했고, 우리가 수집할 수 없는 많은 정보를 우리에게 주었다. 이들을 통해 우리는 당신들의 특성을 많이 알게 되었다. 또한 당신들의 능력·강점·약점·취약점 등을 많이 알게 되었다. 우리는 이러한 것들을 이해할 수 있다. 왜냐하면 우리는 우리가 온 각각의 행성에서 큰 공동체에 출현하는 이런 큰 문턱을 넘어 보았기 때문이다. 우리는 많은 것을 배웠으며 우리가 범한 실수에서 많은 고통을 겪었다. 우리는 인류가 이런 실수를 범하지 않기를 바란다.

그래서 우리는 올 때, 우리의 경험뿐만 아니라 불가시 존재들이 준 깊은 자각과 목적의식을 함께 가지고 왔다. 우리는 지구를 가까운 위치에서 관찰하며, 방문자들의 통신을 감청한다. 우리는 그들이 누구인지, 어디서 왔는지, 왜 왔는지 안다. 우리는 지구를 이용하려고 여기와 있는 것이 아니므로 그들과 경쟁하지 않는다. 우리는 우리 자신을 인류의 동행자로 여긴다. 실제로 그러하므로 당신들도 머잖아 우리를 그렇게 여기기를 바란다. 그리고 비록 이것을 증명할 수는 없지만, 우리가 하는 말이나 조언하는 지혜를 통해 우리가 동행자임을 보여줄 수 있기를 바란다. 우리는 인류 앞에 놓인 일에 당신들을 준비시킬 수 있기를 바란다. 인류가 큰 공동체를 대비하는 준비에 한참 뒤처져 있으므로 우리는 긴박감을 가지고 우리의 사명에 임한다. 몇십 년 전, 우리 앞에 왔던 그룹이 인간들과 접촉하여 미래를 준비시키려고 여러 차례 시도한 것은 성공하지 못하였다. 그들은 겨우 몇 사람만 접촉할 수 있었으며, 나중에 들은 바로는 이 접촉도 대부분 잘못 해석되고 다른 사람들이 다른 목적으로 이용하였다고 한다.

그러므로 우리는 앞에 왔던 이들을 대신해서 인류를 돕도록 파견되었다. 우리는 일치된 목적으로 함께 일한다. 우리는 거대한 군사력을 대표하는 것이 아니라, 비밀스럽고 신성한 동맹을 대표한다. 우리는 큰 공동체에서 일어나는 일들이 이곳 지구에서 자행되지 않기를 바란다. 또한 인류가 큰 권력 조직망의 의존국이 되지 않기를 바라며, 자유와 자결권을 잃어버리지 않기를 바란다. 잘못되면 참으로 위험하다.

그래서 되도록 두려움 없이, 그리고 모든 인간의 가슴에 있는 신념과 의지로 우리의 말을 심사숙고해볼 것을 당신들에게 권한다.

방문자들이 그들 자신의 목적을 위해 인류에게 영향을 주는 조직망을 만들려고 지금 엄청난 일을 진행하고 있으며, 앞으로도 계속 그리할 것이다. 방문자들은 인류로부터 지구를 구하기 위해 여기 왔다고 생각한다. 심지어 어떤 방문자들은 자멸하는 인류를 구하기 위해 여기 왔다고 믿기도 한다. 그들은 스스로 옳은 일을 한다고 느끼며, 그들 행동이 부적절하거나 비윤리적이라고 여기지 않는다. 그들 윤리에 따르면, 그들은 합리적이고 중요한 일을 하고 있다. 하지만 자유를 사랑하는 모든 이들에게는 그런 접근 방식이 결코 정당화되지 않는다.

우리는 방문자들의 활동이 계속 증가하는 것을 보고 있다. 해마다 그 수는 불어난다. 그들은 멀리서 오며, 보급품을 가지고 온다. 그들은 더 깊이 참여하고 관여하며, 지구 태양계 내 많은 곳에 통신 기지를 세우고 있다. 그들은 인류가 우주로 진출하려는 초기 시도를 모두 관찰하고 있으며, 그들 활동에 방해될 것으로 여겨지는 것이면 무엇이든 작동하지 못하도록 파괴할 것이다. 그들은 지구뿐만 아니라 지구 주변 지역에도 지배권을 확립하려고 하고 있다. 그것은 여기에 경쟁 세력들이 있기 때문이며, 그들 각각의 세력은 몇몇 종족의 동맹으로 구성되어 있다.

이제 우리가 상황보고-1에서 말한 네 가지 활동분야 중 넷째 부분을 좀 더 상세히 말하겠다. 이것은 방문자들과 인간종과의 교배와 관련되어 있다. 먼저, 잠깐 과거 역사 한 토막을 당신들에게 알려주면, 지구 시간으로 수만(many thousands) 년 전에 몇몇 종족이 인류와 교배를 하여 인류에게 훨씬 나은 지능과 적응력을 주었다. 그래서 "현생 인류"라고 불리는 것이 갑자기 탄생하게 되었고, 인류가 지구에서 지배권과 힘을 갖게 되었다. 이것은 오래전에 일어난 일이다.

그러나 지금 일어나는 이종교배 프로그램은 이와는 전혀 다르다. 전혀 다른 종족, 다른 동맹이 진행한다. 그들은 교배를 통해, 그들 조직의 일원이면서 동시에 지구에서 생존할 수 있고 지구와 자연스러운 친화성을 갖는 그런 인간을 만들려고 한다. 방문자들은 지구 표면에서 살 수 없다. 그래서 현재 지하에 주거지를 찾고 있는데, 이처럼 지하에서 주거지를 찾아야 하거나, 또 가끔 바다나 큰 호수 같은 곳에 몰래 숨어 있는데, 이처럼 그곳에 있는 그들 비행선 내부에서 살아야 한다. 그들은 지구에서 그들 이익을 지키기 위해 인류와 교배하기를 원하며, 그 이익이란 주로 지구 자원이다. 그들은 인간의 충성을 확고히 하기를 바란다. 그래서 몇 세대에 걸쳐 이종교배 프로그램을 진행해왔으며, 최근 20년 사이에 그 규모가 매우 커졌다.

그들 목적은 두 부분으로 나뉜다. 첫째는 우리가 말한 대로, 방문자들은 인간을 닮은 존재, 즉 지구에서 살 수 있으면서도 그들과 결속되어 있고, 대단한 민감성과 능력을 지닌 존재를 만들고 싶어 한다. 두 번째 목적은 그들이 마주치는 사람들 모두에게 영향을 주며, 그들이 하는 일을 돕도록 사람들을 부추기는 것이다. 방문자들은 인간의 도움을 원하며, 또 도움이 필요하다. 그래야 모든 면에서 그들 프로그램이 진행된다. 그들은 당신들을 가치 있게 여기지만, 동등하다거나 같은 수준으로 보지 않는다. 그냥 쓸모 있다고 보는 것이다. 그래서 그들과 만나거나 그들이 납치한 모든 사람에게 자신들을 우월한 존재, 가치 있고 소중한 존재로 느끼도록 할 것이다. 또한 그들이 세상에서 하는 일이 가치 있고 중요한 것처럼 보이게 할 것이다. 방문자들은 접촉하는 모든 사람에게 자신들이 선을 위해 여기 왔다고 말할 것이다. 그들은 납치한 사람들에게 두려워할 필요가 없다고 확신시키려 할 것이다. 특히 잘 받아들이는 듯 보이는 사람들과는 동맹을 맺으려 할 것이다. 동일한 목적의식, 심지어 동일한 정체성·가족·가문·운명 등을 주장하며 동맹을 맺으려 할 것이다.

방문자들은 그들 프로그램을 진행하면서 인간의 생리와 심리를 매우 광범위하게 연구했다. 그래서 사람들이 원하는 것을 가지고 이용할 것이다. 그중에서도 특히 사람들이 원하지만, 그들 스스로는 얻지 못한 평화·질서·아름다움·평온 같은 것을 이용할 것이다. 이러한 것을 갖도록 해준다고 하면, 어떤 사람은 믿을 것이고, 어떤 사람은 쉽게 그들이 요구한 대로 따를 것이다.

　여기서 이해해야 할 것은 방문자들은 지구를 보전하려면 이렇게 하는 것이 전적으로 적절하다고 믿는다는 점이다. 그들은 인류에게 큰 봉사를 한다고 느끼므로 설득하는 일에서도 성심성의를 다한다. 불행하게도 이것이 큰 공동체의 실상이다. 참된 지혜와 앎이 지구에서 보기 드문 것처럼, 우주에서도 보기 드물다. 다른 종족들은 훨씬 성숙하여 교활하지도 이기적이지도 않고, 경쟁과 투쟁도 하지 않으리라고 당신들이 희망하고 기대하는 것은 자연스러운 일이다. 오! 그러나 그렇지 않다. 고도의 기술이 개인의 정신적·영적 힘을 끌어 올려주지는 않는다.

　현재 계속해서 강제로 잡혀가는 사람이 많다. 인간은 미신을 잘 믿고 이해할 수 없는 것은 부정하려 하므로 이런 불행한 일이 꽤 성공적으로 계속되고 있다. 지금 이 순간에도 반은 인간, 반은 외계인인 혼혈종이 지구 위를 걸어 다닌다. 지금은 많지 않지만, 그 수는 앞으로 계속 불어날 것이다. 언젠가는 당신도 만나게 될지 모른다. 그들은 당신과 똑같아 보이겠지만, 다를 것이다. 당신은 그들도 인간이라고 생각하겠지만, 지구에서 가치를 두는 필수적인 것이 그들에게는 빠져있는 것처럼 보일 것이다. 이들을 구별해서 알아볼 수는 있지만, 그러려면 당신은 정신환경에 조예가 깊어야 하고, 큰 공동체에서 앎과 지혜가 무얼 뜻하는지 배워야 할 것이다.

　이것을 배우는 것이 무엇보다도 가장 중요하다고 우리는 느낀다. 왜냐하면 우리는 훨씬 잘 볼 수 있는 위치에서 지구를 보고 있으며, 우리가 보거나 접할 수 없는 것은 불가시 존재들이 알려주기 때문이다. 우리는 이런 일들을 잘 안다. 왜냐하면 큰 공동체에서는 이런 일들이 수도 없이 일어났으며, 효과적으로 대응하기에 너무 나약하거나 너무 취약한 종족들에게 영향과 설득이 가해지기 때문이다.

이 메시지를 듣는 사람 중에 어느 누구도 인간의 삶에 들어온 이 침입을 이롭다고 생각하는 이가 없기를 우리는 희망하고 또 믿는다. 그들의 영향 하에 놓인 사람들에게는 이 만남이 자신에게는 물론 세상에도 이롭다고 생각하도록 영향이 미칠 것이다. 방문자들은 사람들의 영적 열망은 물론, 평화와 화합에 대한 소망, 포함과 가족에 대한 소망, 이 모두를 다룰 것이다. 이러한 것들은 인간 가족을 대단히 특별하게 해주는 어떤 것인데, 지혜와 준비가 없으면, 큰 취약성의 표상이 된다. 앎과 지혜로 강한 사람들만이 이런 설득 뒤에 숨은 속임수를 볼 수 있을 것이다. 오직 이들만이 인간 가족에게 자행되는 속임수를 보는 자리에 서게 되고, 오직 이들만이 오늘날 세상 곳곳에서 정신환경에 미치는 영향에 맞서 자신을 보호할 수 있다. 오직 이들만이 보고 알 것이다.

우리가 하는 말만 듣는 것으로는 충분하지 않다. 많은 사람이 보고 아는 법을 배워야 한다. 우리는 그리하도록 격려할 수 있을 뿐이다. 우리가 지구에 온 것은 큰 공동체 영성의 가르침에서 제시한 바에 따라 행해진 것이다. 준비 프로그램은 이미 세상에 있다. 그래서 우리가 하는 말이 격려가 될 수 있다. 준비 프로그램이 세상에 없다면, 우리의 경고나 격려는 적절하지도 성공적이지도 못할 것이다. 창조주와 불가시 존재들은 인류가 큰 공동체에 대비하기를 바란다. 사실 이것은 지금 인류에게 가장 절실히 필요한 일이다.

그러므로 우리는 당신들이 외계인의 납치 행위가 인류에게 어떤 이득이 될 것으로 절대 믿지 않기를 촉구한다. 우리는 이것을 강조해야 한다. 당신의 자유는 소중하다. 개인의 자유, 한 종족으로서 당신들의 자유는 소중하다. 우리가 우리의 자유를 되찾는 데는 오랜 시간이 걸렸다. 우리는 당신들이 자유를 잃지 않기를 바란다.

지구에서 진행되는 이종교배 프로그램은 계속될 것이다. 멈추게 할 수 있는 유일한 길은 사람들이 제대로 의식하고 내적 권한을 갖는 것이다. 오직 이 길만이 이런 식의 침입을 막을 수 있고, 이 침입 뒤에 감춰진 속임수를 들추어낼 수 있다. 심지어 어린아이까지 포함하여 이런 처우·재교육·회유를 받는 사람들에게 이것이 얼마나 끔찍한 일인지 우리는 상상하기도 어렵다. 우리 가치관으로는 이것은 끔찍해 보이지만, 여전히 큰 공동체에서 이런 일이 일어나며, 유사 이래로 쭉 일어났다.

　어쩌면 우리 이야기에 궁금한 것이 더 많아졌을지 모른다. 그런 궁금증은 건전하고 당연한 일이지만, 우리는 모든 질문에 대답해줄 수는 없다. 당신들 스스로 답을 찾는 수단을 발견해야 한다. 하지만 당신들은 나침반 역할을 하는 준비 프로그램 없이는 이 수단을 발견할 수 없다. 현시점에서는 전 인류가 방문자의 이미지 투사와 영적 현시 사이를 구별하지 못한다고 우리는 들었다. 이것이 상황을 참으로 어렵게 만든다. 왜냐하면 방문자들은 이미지를 투사할 수 있고, 정신환경을 통해 사람들에게 말할 수 있으며, 그들이 한 말을 사람들이 받아들여 표현하도록 할 수 있기 때문이다. 방문자들은 이런 영향을 줄 수 있다. 왜냐하면 인류는 아직 이런 기량이나 분별력을 갖지 못했기 때문이다.

　인류는 통합되지 않았으며, 서로 분열되어 싸운다. 그래서 외부 개입과 조종에 지극히 취약하다. 특히 인류의 영적 열망과 성향은 당신들을 더욱 취약하게 하여 방문자들이 이용하기에 좋은 소재감이 된다는 것을 그들은 잘 알고 있다. 이런 일에 진정으로 객관성을 가지기는 참으로 어렵다. 우리가 살았던 곳에서도 이 일은 엄청난 도전이었다. 하지만 큰 공동체에서 자유롭게 남아 자결권을 행사하고 싶다면, 이 기량을 개발해야 하며, 남들에게 자원을 구하는 일이 없도록 자신이 가진 자원을 보존해야 한다. 지구에서 자급자족하지 못하면, 인류는 상당한 자유를 잃을 것이다. 살아가는 데 필요한 자원을 구하려고 지구 밖으로 나가야 한다면, 인류는 다른 종족에게 상당한 힘을 잃을 것이다. 지구 자원은 지금 급속히 줄어들고 있으므로 멀리서 지켜보는 우리는 이것을 크게 우려한다. 이 점은 방문자들도 마찬가지로 우려한다. 왜냐하면 그들은 당신들을 위해서가 아니고, 그들 자신을 위해서, 지구환경이 파괴되는 것을 막고 싶기 때문이다.

이종교배 프로그램에는 하나의 목적만이 있으며, 그것은 방문자들이 지구에 자리를 잡고, 통솔하는 영향력을 행사하도록 하는 것이다. 방문자들이 지구자원 말고 다른 것이 필요해서 왔다고 생각하지 말라. 그들에게 당신들의 인간성이 필요하다고 생각하지 말라. 그들이 당신들의 인간성에 원하는 것은 지구에 그들이 있어야 한다고 믿게 하는 것뿐이다. 그러니 우쭐대지 말라. 엉뚱한 생각에 빠져 자만하지 말라. 그들이 하는 일은 정당하지 않다. 당신들이 상황을 사실 있는 그대로 명확하게 보는 법을 배울 수 있다면, 혼자서도 이 일을 보고 알 수 있을 것이다. 그리하여 우리가 왜 여기 왔는지, 지적 생명체로 이루어진 큰 공동체에서 동행자들이 왜 필요한지 이해할 것이다. 또한 앎과 지혜를 배워야 하는 중요성과 큰 공동체 영성을 배워야 하는 중요성을 이해할 것이다.

성공·자유·행복·힘을 얻기 위해 이러한 이해가 지극히 중요해지는 환경으로 인류가 출현하고 있으므로 큰 공동체에서 독립 종족으로 안착하려면, 당신들에게는 앎과 지혜가 필요하다. 지금 인류의 독립은 하루가 다르게 상실되어 가고 있다. 당신들은 이처럼 자유가 상실되고 있는 것을 어떤 식으로든 느낄 수는 있을지 모르겠지만, 볼 수는 없을 것이다. 당신들이 어떻게 볼 수 있겠는가? 당신들은 지구 밖으로 나가서 지구 주변에서 일어나는 일을 직접 볼 수 없다. 또한 현재 세상에서 활동하는 외계인 세력들의 복잡성·윤리·가치관을 이해하기 위해 그들이 정치적·경제적으로 개입하는 것을 볼 수 있는 것도 아니다.

우주에서 상업 목적으로 여행하는 종족이 영적으로 성숙했다고 결코 생각하지 말라. 상업을 추구하는 이들은 이익을 추구한다. 이 세계 저 세계를 돌아다니는 이들, 자원탐사를 하는 이들, 자기 깃발을 꽂으려고 하는 이들은 영적으로 성숙된 것으로 여겨지지 않는다. 우리는 이들을 영적으로 성숙했다고 여기지 않는다. 힘에는 세속적인 것과 영적인 것이 있다. 당신은 이 둘이 다르다는 것을 알 수 있으며, 이제는 더 넓은 환경에서 이 차이를 구별할 수 있어야 한다.

그러므로 우리는 당신들이 강해지고 자유를 보존하고 분별력을 기를 수 있도록 하기 위해, 또한 알지 못하는 이들로부터 평화·힘·포함을 약속하는 설득에 넘어가지 않도록 하기 위해 헌신하는 마음으로 당신들을 열렬히 격려하고자 여기 왔다. 인류에게는 물론 개인적으로 당신에게도 모든 일이 다 잘될 것으로 생각하면서 자위하지 말라. 이것은 지혜가 아니다. 왜냐하면 어디서나 지혜로운 자는 자신의 주변에서 일어나는 삶의 현실을 보는 법을 배워야 하고, 그 삶을 유익한 방식으로 처리해나가는 법을 배워야 하기 때문이다.

그러므로 우리의 격려를 받아들이라. 우리는 이 문제를 다시 거론할 것이며, 분별력과 신중함을 갖는 일이 얼마나 중요한지 다시 설명할 것이다. 또한 당신이 꼭 이해해야 하는 분야인, 세상에서 방문자들이 하는 관여에 대해 더 자세히 이야기할 것이다. 우리는 당신들이 우리가 하는 말을 받아들일 수 있기를 희망한다.

중대한 경고

우리는 지구 문제에 관해 당신들과 더 많이 이야기하기를 간절히 바랐고, 할 수만 있다면 우리가 이곳에서 보는 것을 당신들이 볼 수 있도록 도와주고 싶었다. 이것은 받아들이기가 쉽지 않고, 상당한 우려와 불안을 야기할 것임을 우리는 알지만, 당신들에게 알려 주어야 한다.

우리 관점에서 보면, 상황이 매우 심각하며, 사람들이 상황을 제대로 전달받지 못하면, 엄청난 불운이 따를 것으로 생각된다. 진실이 분명하고 명백한데도 인식되지 않고 진실의 신호와 메시지가 발견되지 않을 만큼, 속임수가 지구에도 대단히 많고 다른 행성에도 역시 대단히 많다. 그러므로 우리가 상황을 명확하게 설명하여 당신이나 다른 사람들이 실제로 있는 것을 볼 수 있도록 도와줄 수 있기를 희망한다. 우리는 지금 설명하는 이 일을 증언하기 위해 파견되었으므로 우리가 본 것을 적당히 절충해서 말하지 않는다.

시간이 지나면, 우리 도움 없이도 당신들이 이 일을 알 수 있겠지만, 당신들에게 지금 그럴 시간이 없다. 지금은 시간이 부족하다. 큰 공동체 세력의 출현에 대비한 인류의 준비는 계획보다 한참 뒤처져 있다. 주요 인물 상당수가 응답하지 않은 데다가, 세상 속으로 그 세력들이 침투하는 속도가 예상했던 것보다 훨씬 더 빨라졌다.

우리는 충분한 시간은 가지고 오지 않았지만, 이 정보를 공유하여 당신들에게 용기를 주고자 왔다. 이전 메시지에서 말했듯이 지구는 방문자들에게 침투당하고 있으며, 정신환경이 조건화되고 조정되고 있다. 그들의 의도는 인류를 말살하는 것이 아니라, 일꾼으로 삼아 더 큰 "집단"의 노동자가 되게 하는 것이다. 방문자들은 세상 기관들과 자연환경을 소중하게 여기며, 그들이 쓸 수 있도록 이것들이 보존되기를 바란다. 그들은 지구에서 살 수 없으므로 인류의 충성을 얻어내려고 우리가 설명한 많은 기법을 이용하고 있다. 우리는 이 기법들을 분명하게 밝히기 위해 계속해서 설명할 것이다.

우리가 여기 도착하는 데는 몇 가지 방해 요인이 있었지만, 그 요인 가운데 우리가 직접 연락을 취해야 하는 이들의 준비 부족이 상당한 몫을 차지했다. 이 책의 저자인 우리의 대변인은 우리가 확실하게 접촉할 수 있었던 유일한 사람이다. 그래서 우리는 우리 대변인에게 이 중요한 정보를 주어야 한다.

우리가 들은 바로 방문자들은 미국이 세계를 이끄는 것으로 여기므로 미국에 가장 많은 역점을 둘 것이다. 하지만 다른 주요 국가들도 힘이 있다는 것을 알고 있으므로 접촉할 것이다. 방문자들은 힘의 속성을 잘 안다. 왜냐하면 그들은 두말할 나위 없이 힘의 명령을 따르며, 그것도 지구에서 볼 수 있는 수준을 훨씬 뛰어넘어 권력에 복종하기 때문이다.

방문자들은 강대국 지도자들을 설득하여 자신들의 존재를 인정하게 할 것이다. 또한 그들이 주는 선물, 즉 상호 이득이 된다는 약속, 심지어 지도자들 중 일부에게는 지구 지배권을 준다는 약속으로 협조하도록 하는 유인책을 받아들이게 할 것이다. 권력층에는 이런 유인책에 넘어가는 사람들이 있을 것이다. 왜냐하면 그들은 인류가 비로소 핵전쟁의 망령에서 벗어나 지구에 새로운 공동체를 세워 자신의 뜻대로 이끌어 갈 기회로 여길 것이기 때문이다. 하지만 이 지도자들은 속고 있다. 왜냐하면 이들은 그리할 수 있는 열쇠를 받지 못할 것이기 때문이다. 이들은 단지 권력 이동에 중재 역할만 할 것이다.

당신들은 바로 이 점을 이해해야 한다. 그렇게 복잡한 것이 아니다. 우리의 관점이나 우리의 위치에서 바라보면, 이것은 분명하다. 우리는 다른 데서 이런 일이 일어나는 것을 보았다. 이것은 자체 집단을 가진, 다수 종족으로 구성된 조직들이 지구 같은 신흥 행성들을 편입하는 방식 중 하나이다. 그들의 시각에서 보면 인류는 그다지 존경받을 만한 존재가 못되며, 혹여 어느 정도 도덕적이라 하더라도 책임져야 할 것들이 인류의 능력을 훨씬 넘어섰으므로, 그들은 자신들의 계획이 도덕적이고 지구 발전에 도움이 된다고 철석같이 믿는다. 물론 우리는 이렇게 보지 않는다. 우리가 이렇게 보았다면 지금 이 자리에 있지도 않을 것이고, 인류의 동행자로서 당신들에게 도움을 제공하고 있지도 않을 것이다.

그러므로 이제 분별해야 하는 큰 어려움, 큰 도전이 있다. 그 도전은 인류가 자신의 동행자가 누구인지 아는 것이고, 동행자와 잠재적인 적을 분간할 수 있어야 하는 것이다. 이 문제에서 누구도 중립 위치에 있지 않다. 지구는 대단히 가치가 있으며, 지구자원은 특별하고 상당한 가치가 있는 것으로 알려져 있다. 인간 문제에 끼어든 이들 가운데 누구도 중립 위치에 있지 않다. 외계인 개입의 진짜 본질은 영향력과 통제권을 행사하고, 끝내 여기에서 지배권을 확립하는 것이다.

우리는 방문자가 아니라, 관찰자이다. 우리는 지구에 어떠한 권리도 주장하지 않으며, 여기에 자리잡으려는 어떠한 계획도 없다. 바로 그러기 때문에 우리는 이름을 밝히지 않는다. 왜냐하면 우리는 이런 방식으로 조언하는 것 말고는 당신들과 관계를 도모하려고 하지 않기 때문이다. 우리는 결과를 통제할 수 없으며, 다만 당신네 지구인들이 이 엄청난 사건에서 선택하고 결정하는 일에 조언만 할 뿐이다.

인류는 장래성이 밝고, 풍부한 영적 유산을 키워왔지만, 지금 출현하는 큰 공동체에 대해 교육받은 바가 없다. 인류는 분열되어 내분에 시달리므로, 국경 밖에서 오는 조종이나 침입에 취약하다. 당신네 지구인들은 일상의 관심사에는 몰두하지만, 미래 현실은 알아차리지 못한다. 세상의 큰 움직임을 무시하고, 지금 진행되는 개입이 자신에게 이롭다고 가정하는 것으로 당신들이 과연 무슨 이득을 얻을 수 있겠는가? 상황을 제대로 보기만 한다면, 이득이 된다고 말할 사람은 당신들 가운데 아무도 없을 것이다.

어떤 면에서 보면, 이것은 어디서 보느냐 하는 문제이다. 우리는 볼 수 있지만, 당신들은 볼 수 없다. 왜냐하면 당신들에게는 전체를 바라볼 수 있는 곳이 없기 때문이다. 당신은 지구 영향권을 벗어나 지구 밖에 있어야 우리가 보는 것을 볼 것이다. 그런데 우리는 지금 보는 것을 보려면, 숨어 지내야 한다. 만약 발각되면, 분명히 죽임을 당할 것이기 때문이다. 왜냐하면 방문자들은 지구에서 그들의 임무를 무엇보다 중요하게 여기고, 또한 다른 몇몇 행성들보다도 지구가 가장 큰 가능성을 지니고 있다고 생각하기 때문이다. 그들은 우리가 있다고 해서 멈추지 않을 것이다. 그래서 당신들이 소중하게 여기고 지켜야 하는 것이 바로 당신들의 자유이다. 우리가 당신들을 대신해서 당신들의 자유를 지켜줄 수는 없다.

어느 행성이든 큰 공동체에서 행성 자체 내의 통합과 자유와 자결권을 확고히 하고자 한다면, 이 자유를 확고히 해야 하며, 필요하면 방어해야 한다. 그러지 않으면 분명히 지배당할 것이고, 그것도 철저히 지배당할 것이다.

방문자들이 왜 지구를 원하겠는가? 이것은 매우 분명하다. 그들이 특별히 관심을 두는 것은 당신들이 아니라, 지구의 생물 자원과 이 태양계의 전략적 위치이다. 이것들이 가치 있고 활용될 수 있을 때만, 당신들이 그들에게 쓸모가 있다. 그들은 당신들이 원하는 것을 제공할 것이고, 듣고 싶은 말을 해줄 것이다. 당신들에게 유인책을 쓸 것이고, 인류의 종교와 종교적 이상을 이용할 것이다. 그래서 그들이 당신들보다 지구에 필요한 것을 더 잘 이해하므로 지구의 평온을 가져오는 데 필요한 것들을 도울 수 있다는 믿음을 조성할 것이다. 인류는 통합과 질서를 이룰 능력이 없어 보이므로, 그렇게 할 수 있을 것으로 보이는 그들에게 많은 사람이 가슴과 마음을 열 것이다.

상황보고-2에서 우리는 이종교배 프로그램에 대해 간략히 이야기 했다. 이런 현상에 관해 들어본 사람들도 있고, 이것에 관한 논문도 약간 있다고 우리는 알고 있다. 불가시 존재들이 우리에게 말해주기를 이런 프로그램이 있다는 것을 사람들이 점점 더 많이 알고 있지만, 그 안에 담긴 명백한 뜻을 놀라울 정도로 보지 못한다고 했다. 그것은 사람들이 자신이 선호하는 것에만 골몰하고, 이런 방식의 개입이 의미하는 바를 다루는 데 제대로 준비되지 않았기 때문이라고 했다. 분명히 이종교배 프로그램은 인간의 지구환경 적응능력을 방문자들의 집단의식과 융화하려는 시도이다. 여기에서 탄생한 아이들은 방문자들의 의도와 조직적 활동에서 태어나며, 인류의 새로운 지도자가 될 완벽한 위치에 서게 될 것이다. 이 사람들은 세상에서 혈연관계를 가질 것이다. 그래서 다른 사람들이 이들과 관련될 것이며 이들의 존재를 받아들일 것이다. 하지만 이들의 마음이나 가슴은 여전히 당신들과 함께하지 않을 것이다. 이들이 당신 처지에 동정심을 느끼고 당신이 잘되기를 바랄 수는 있겠지만, 앎길과 통찰의 길에서 훈련받지 않았으므로 당신을 도울 수 있는 개인적 권한도 없고, 자신을 여기까지 양육해주고 자신에게 삶을 준 집단의식에 저항할 수 있는 힘도 없을 것이다.

방문자들은 개인의 자유에 가치를 두지 않는다. 그들은 개인의 자유를 무모하고 무책임한 것으로 본다. 그들은 자신의 집단의식만 알며, 이것을 특권이자 축복으로 여긴다. 하지만 우주에서 앎이라고 불리는 참된 영성에는 다가갈 수 없다. 왜냐하면 앎은 개인의 자아발견에서 생겨나 높은 수준의 관계를 통해 존재가 드러나기 때문이다. 방문자들의 사회 구조에는 이 두 가지 현상이 모두 없다. 그들은 독단으로 생각할 수가 없으며, 그들의 의지는 그들 혼자만의 의지가 아니다. 그래서 너무나 당연하게도 그들은 지구에서 이 두 가지 위대한 현상의 발전 가능성을 존중할 수 없으며, 그런 현상을 육성할 처지에 있지도 않다. 그들은 오직 순응과 충성만을 바란다. 그들이 지구에서 육성하는 영적 가르침은 인간의 깊은 신뢰를 얻기 위해 사람들이 그들에게 마음을 열어 고분고분하고 의심하지 않게 하는 데만 이용될 것이다.

우리는 전에 다른 곳에서 이런 일을 많이 보았으며, 행성들이 통째로 이런 집단들의 지배하에 떨어진 것을 보았다. 우주에는 이런 집단이 많다. 이런 집단들은 행성 간의 무역을 하고 넓은 지역들까지 확장하므로 일탈하는 일 없이 엄격하게 규율을 신봉한다. 그들 사이에는 적어도 당신이 알아볼 수 있는 방식의 개성은 존재하지 않는다.

이것이 지구에 있는 어떤 것과 비슷한지 그 좋은 예를 우리가 알려줄 수 있을지 잘 모르겠다. 하지만 전 세계로 확장되어 있고 엄청난 힘을 행사하는데도 극소수가 지배하는 대기업이 지구에 있다고 우리는 들었다. 어쩌면 이런 대기업이 우리가 말하는 것과 비슷할지도 모르겠다. 그러나 우리가 말하는 것은 지구에서 볼 수 있는 좋은 예보다 훨씬 더 강력하고, 널리 퍼져 있으며, 잘 자리잡고 있다.

두려움이 파괴적인 힘이 될 수 있다는 것은 모든 곳의 지적 생명체에게 진실이다. 하지만 두려움도 제대로 인식하면 도움이 되는 경우가 딱 하나 있으며, 그것은 위험이 있다는 것을 당신에게 알려주는 때이다. 우리는 염려하며, 이것이 우리 두려움의 본질이다. 우리는 무엇이 위험에 처해 있는지 안다. 이것이 우리 염려의 본질이다. 하지만 당신은 무엇이 일어나고 있는지 모르기 때문에 두려움이 생기며, 그래서 그것이 파괴적인 두려움이다. 이 두려움은 당신에게 힘을 줄 수도 없고, 지구 안에서 무슨 일이 일어나는지 파악할 수 있는 안목도 줄 수 없다. 당신이 정보를 알게 되면, 이때 두려움은 염려로 바뀌게 되고, 염려는 건설적인 행동으로 바뀌게 된다. 우리는 이렇게 말하는 것 말고 달리 설명할 길이 없다.

이종교배 프로그램은 지금 순조롭게 진행되고 있다. 이미 방문자들의 집단 노력으로 그들의 의식을 가지고 탄생한 이들이 지구 위를 걸어 다니고 있다. 지금은 그들이 오랜 기간 지구에서 거주할 수 없지만, 몇 년 만 지나면 영구히 지구 표면에 머물 수 있을 것이다. 그들의 유전공학은 그만큼 완전해서, 그들은 당신들과 그저 약간만 다른 것처럼 보일 것이다. 그것도 외모보다는 태도나 분위기 정도가 알아보기 힘들 만큼 약간 다르게 보일 것이다. 그러나 그들의 정신 능력은 엄청날 것이다. 그래서 만약 당신들이 통찰의 길에서 훈련받지 않으면, 그들은 이 능력을 통해 당신이 필적할 수 없는 이점을 얻을 것이다.

바로 이것이 인류가 출현하는 큰 현실이다. 경이와 공포로 가득 찬 우주, 설득과 경쟁이 심한 우주이지만, 다른 한편으로는 은총으로 가득 찬 우주이다. 꼭 지구와 같지만, 다만 그 크기가 엄청나다. 당신이 찾는 천국은 이곳에 없지만, 맞서 겨뤄야 하는 세력들은 있다. 이것은 인류가 언젠가는 한 번 넘어야 할 가장 큰 문턱이다. 우리도 우리 각자의 행성에서 이런 일을 겪었으며, 그저 약간의 성공만 있었을 뿐, 많은 실패가 있었다. 어느 종족이든 자유와 보호막을 유지할 수 있으려면, 강하고 통합되어야 하며, 그 종족들은 자신의 자유를 지키기 위해 아마도 상당한 수준까지 큰 공동체 교류에서 발을 뺄 것이다.

당신이 이 문제를 생각해보면, 지구에 어떤 결과가 생길지 알 것이다. 불가시 존재들은 우리에게 인류의 영적 성장과 큰 가능성에 대해 많은 것을 들려주었다. 하지만 동시에 인류의 영적 성향과 이상이 지금 심하게 조종당하고 있다는 것도 조언해주었다. 지금 잘 갖추어진 가르침들이 지구에 유입되고 있다. 이 가르침들을 따름으로써 사람들은 묵종하게 되고, 비판 능력을 갖추지 못하게 되며, 즐겁고 편안한 것에만 가치를 두게 된다. 또한 그들 내면에 있는 앎에 다가가는 능력을 잃어, 끝내는 그들이 알 수 없는 큰 세력에 완전히 의존하는 상황까지 이르게 된다. 그 상황에 이르면 그들은 무엇이든 시킨 대로 할 것이며, 설사 무언가 잘못됐다는 것을 알아차렸다 하더라도 그들에게는 더 이상 저항할 힘이 없을 것이다.

인류는 오랫동안 고립되어 살았다. 그래서 어쩌면 그런 식의 개입은 도저히 일어날 수 없을 것으로 보며, 사람마다 자신의 의식과 마음을 자신만의 전유물로 믿을지도 모른다. 하지만 이것은 순전히 가정일 뿐이다. 지구에 있는 현자들이 이런 가정을 극복하는 법을 배워 자신만의 정신환경을 구축하는 힘을 얻었다고 우리는 들었다.

우리는 이 메시지를 너무 늦게 전하지는 않았는지, 또 우리의 영향이 너무 약하지는 않는지 걱정되며, 우리를 받아들이도록 선택받은 이가 이 정보를 알리는 데 도움과 지원을 너무 적게 받지는 않는지 걱정된다. 그는 많은 사람이 사실이라고 믿는 것과 다르게 말할 것이므로, 불신과 조소를 받을 것이다. 특히 외계인의 설득에 넘어간 사람들이 그의 말에 반대할 것이다. 왜냐하면 그들에게는 이 점에서 달리 선택할 길이 없기 때문이다.

이런 암울한 상황에 모든 생명의 창조주는 영적 능력과 분별력, 영적 힘과 성취를 가르치는 준비 프로그램을 보냈다. 우주 전역에 있는 많은 다른 학생들과 마찬가지로 우리도 이 가르침의 학생이다. 이 가르침은 신이 개입하는 한 형태이다. 이 가르침은 어느 한 행성에 속한 것도 아니며, 어느 한 종족의 소유물도 아니다. 또한 한 영웅이나 어느 한 개인에다 중심을 두지도 않는다. 그런 준비 프로그램이 지금 세상에 있다. 이것이 당신들에게 필요할 것이다. 지금은 이것만이 큰 공동체의 새로운 삶에 대해 지혜롭게 분별할 기회를 인류에게 줄 수 있는 유일한 것이다.

지구 역사를 보더라도, 처음 새로운 땅을 딛는 자는 탐험가와 정복자이다. 그들은 이타적인 이유로 오는 것이 아니라, 권력과 자원을 구하고 지배하기 위해 온다. 이것이 삶의 자연스러운 모습이다. 큰 공동체가 어떻게 돌아가는지 인류가 잘 안다면, 어떤 방문이 됐든, 서로 사전에 약속한 것이 아니라면 들어오지 못하게 할 것이다. 당신들은 지구가 무방비 상태로 되는 것을 허용하지 않을 만큼 충분히 알 것이다.

현재 지구에서 이득을 얻으려고 경쟁하는 집단은 하나가 아니다. 그래서 인류는 매우 특이한 환경에 놓여 있지만, 한편으로는 깨우치기에 좋은 환경이다. 방문자들의 메시지가 가끔 일관성이 없어 보이는 것은 이 때문이다. 그들 사이에는 충돌이 있지만, 상호 이익이 될 것 같으면, 서로 협상할 것이다. 그래도 그들은 여전히 경쟁할 것이다. 그들에게 이곳은 그들의 신개척지이다. 그들에게 당신들은 쓸모 있을 때만 가치 있는 존재이다. 만약 당신들이 더 이상 쓸모 있는 것으로 보이지 않으면, 당신들은 간단히 폐기될 것이다.

그래서 지구인에게, 그 가운데서도 특히 권력과 책임의 자리에 있는 이들에게, 영적 존재와 큰 공동체 방문자들의 차이를 구별해야 하는 큰 도전이 생겼다. 그런데 당신들은 이것을 구별할 수 있는 체계를 어떻게 마련할 수 있겠는가? 어디서 그런 것을 배울 수 있겠는가? 지구에서 누가 큰 공동체 현실을 가르칠 수 있는가? 지구 밖에서 오는 가르침 말고는 지구 밖의 삶을 당신들에게 준비시킬 수 없다. 그런데 지구 밖의 삶이 지금 지구 안에 이미 와 있으며, 이곳에 자리를 잡고 영향력을 넓히며 사람들의 마음·가슴·영혼을 곳곳에서 사로잡으려고 한다. 이 일은 매우 단순하지만, 매우 치명적이다.

그러므로 우리가 이 메시지에서 하는 일은 중대한 경고를 가져오는 것이지만, 경고만으로는 충분하지 않다. 사람들에게 알아보는 눈이 있어야 한다. 그것도 충분히 많은 사람이 지금 인류가 직면하고 있는 현실을 이해해야 한다. 이 일은 인류 역사에서 가장 큰 사건, 즉 인간의 자유에 가장 큰 위협이고, 인류의 통합과 협동에 가장 큰 기회이다. 우리는 이 일의 큰 이점과 가능성을 알아보지만, 하루하루가 지날 때마다 그 희망이 사그라진다. 왜냐하면 점점 더 많은 사람이 납치되어 세뇌당하고, 점점 더 많은 사람이 방문자들에 의해 조장되고 있는 영적 가르침을 배우며, 점점 더 많은 사람이 묵종하고 더 분별력을 잃어가고 있기 때문이다.

우리는 불가시 존재들의 요청으로 관찰자로서 돕기 위해 왔다. 우리 일이 성공적으로 되어 가면, 우리는 당신들에게 이 정보를 계속해서 줄 만큼 충분히 오랫동안 지구 근처에 남아 있을 것이다. 그런 다음, 우리는 각자의 고향으로 돌아갈 것이다. 그런데 우리가 실패하거나, 형세가 인류에게 불리하게 되어 지구에 큰 어둠, 지배의 어둠이 덮이면, 그때는 임무를 완수하지 못한 채로 우리는 떠나야 할 것이다. 어느 쪽이 됐든 우리는 당신들과 함께 계속 있을 수 없다. 하지만 당신들이 가능성을 보여준다면, 우리는 당신들이 안전하고 자립할 수 있을 때까지 머무를 것이다. 여기서 말하는 자립은 자급자족해야 하는 것도 포함된다. 인류가 다른 종족과의 무역에 의존한다면, 외부로부터 조종당할 큰 위험을 떠안게 된다. 왜냐하면 인류는, 지구에 미칠 수 있고 또 지금 미치고 있는 정신환경의 힘에 저항할 만큼 아직 충분히 강하지 않기 때문이다.

방문자들은 자신들이 인류의 동행자라는 인상을 주려고 노력할 것이다. 그들은 자멸의 길을 걷고 있는 인류를 구원하기 위해 여기 왔다고 말할 것이다. 그들만이 인류 스스로 줄 수 없는 큰 희망을 줄 수 있고, 그들만이 지구에 진정한 질서와 화합을 가져올 수 있다고 말할 것이다. 하지만 이 질서와 화합은 그들 것이지, 인류의 것이 아니다. 그리고 그들이 약속한 자유는 인류가 즐길 수 있는 것이 아니다.

종교와 신앙의 조종

우리는 지구에서 현재 방문자들이 하는 활동들을 당신들이 이해할 수 있도록, 그들이 주는 영향에 관해 더 많은 정보를 알려주어야 한다. 그들은 세상의 종교단체들과 그 종교들의 가치관에 영향을 주고 있으며, 인류의 특성에도 흔하고 큰 공동체 대부분 지역의 지적 생명체에게도 여러 모로 흔한 기본적인 영적 충동에도 영향을 주고 있다.

방문자들이 지금 지구에서 행하고 있는 활동들은 큰 공동체의 다른 많은 문화, 다른 많은 곳에서 이미 많이 시행되었다는 것을 우리는 먼저 알려주고 싶다. 이곳에 온 방문자들은 이 활동들을 처음 창안한 이들이 아니며, 단지 그들 재량껏 이용할 뿐이며, 전에도 여러 번 이용하였다.

큰 공동체에서는 영향을 주는 기술, 조종하는 기술이 고도로 발달되었다는 것을 당신들이 아는 것은 중요하다. 종족들이 더 노련해지고 과학기술이 더욱 발달함에 따라, 그들은 더 미묘하고 더 침투력 있는 영향을 서로에게 행사한다. 인류는 지금까지 진화하면서 인간끼리만 경쟁했으므로, 여기에 적응할 기회가 아직 없었다. 바로 이것이 우리가 당신들에게 이 자료를 제공하는 이유 중에 하나이다. 당신들은 지금 새 기술을 배우는 것뿐만 아니라 타고난 능력도 연마해야 하는 완전히 새로운 환경으로 들어가고 있다.

비록 인류에게는 처음 있는 상황이지만, 큰 공동체 출현은 다른 종족들에게 이미 무수히 일어났다. 그러므로 인류에게 지금 자행되는 이 일 역시 많이 일어났다. 그 방법은 이미 고도로 발달하였으며, 우리가 느끼기에 상대적으로 쉽게 인류 생활과 상황에 맞게 지금 조정되고 있다.

방문자들이 실행하는 회유책이 부분적으로 이렇게 할 수 있게 한다. 평화로운 관계를 바라는 열망, 전쟁과 충돌을 피하고 싶은 열망은 칭찬할 만하지만, 이것이 당신들에게 악용될 수 있고 실제로 지금 악용되고 있다. 심지어 당신들의 가장 숭고한 충동들마저도 다른 목적으로 악용될 수 있다. 당신은 이것을 인류의 역사나 인류의 본성, 인류 사회에서 보았다. 평화는 지혜와 협동, 참된 능력이 그 바탕에 확고할 때만 정착될 수 있다.

인류는 자연스럽게 인류의 부족이나 국가들 사이에 평화스러운 관계를 맺는 일에 관심을 가졌다. 그러나 이제는 인류에게 큰 문제와 도전이 생겼다. 우리는 이것을 인류가 성장할 기회로 본다. 왜냐하면 인류가 지구를 통합하고 또 이 통합이 진짜이고 강력하며 실질적이 되게 기반을 쌓게 해주는 것은 오직 큰 공동체에 출현하는 도전뿐이기 때문이다.

그러므로 우리는 당신들의 종교단체나 당신들의 가장 근원적인 충동과 가치관을 비판하려고 온 것이 아니라, 지구에 개입하는 외계 종족들에게 이것들이 어떻게 악용되고 있는지 설명해주려고 왔다. 그리고 우리의 힘이 닿는다면, 우리는 당신들이 큰 공동체의 맥락 안에서 한 종족으로서 자신의 행성·자유·온전함을 보존하기 위해 자신의 선물과 성취를 바르게 쓰도록 격려하고자 한다.

방문자들은 접근방식이 기본적으로 실무적이다. 여기에는 강점과 약점이 있다. 우리가 지구나 그 밖의 다른 곳에서 관찰한 바로는 그들은 원래 계획에서 벗어나기가 어렵다. 그들은 변화에 잘 적응하지 못하고, 복잡한 것을 효과적으로 다루지 못한다. 그러므로 그들은 자신의 계획을 거의 무작정 밀고 나간다. 왜냐하면 자기들이 옳고 유리하다고 느끼기 때문이다. 그들은 인류가 저항할 것으로 보지 않는다. 혹여 저항하더라도 그들에게 영향을 줄 만큼은 아니라고 보며, 그들 비밀은 잘 지켜지고, 인류는 그들 속셈을 이해할 수 없을 것으로 본다.

이런 점에서 당신들에게 이런 자료를 주는 이런 행위는 그들의 관점에서 보면, 우리가 분명히 그들의 적이 된다. 하지만 우리의 관점에서 보면, 우리는 그저 그들의 영향을 상쇄시키려는 것뿐이다. 그래서 한 종족으로서 자유를 보존하고 큰 공동체 현실을 다루는 데, 인류에게 필요한 이해와 인류가 의존해야 할 관점을 알려주려는 것뿐이다.

그들은 실무적으로 접근하므로, 가능한 한 가장 효율적으로 목표를 이루려고 한다. 그들은 인류를 통합하고자 하지만, 이것은 세상에서 그들이 참여하고 활동하는 데 부합할 경우에만 한해서 그렇다. 그들에게 인류 통합은 실무적인 문제이다. 그들은 문화의 다양성을 소중하게 여기지 않으며, 그들 문화 안에서는 당연히 소중하게 여기지 않는다. 그래서 그들이 영향력을 행사할 수 있는 곳이면 어디든 그곳 문화의 다양성을 근절하거나 최소화하려고 할 것이다.

이전 상황보고에서는, 우리가 지금 지구에 있는 새로운 형태의 영성, 인간의 신성과 본질에 관한 새로운 사상과 새로운 표현인 영성에 대한 방문자들의 영향에 관해 언급했다. 이번 보고에서는, 방문자들이 영향을 주고자 하고 또 현재 영향을 주고 있는 종교적 가치관과 종교단체에 대해 집중적으로 이야기하고자 한다.

더욱 획일화하고 순응하게 하는 데, 방문자들은 종교단체와 종교적 가치관이 그들이 이용하기에 가장 안정적이고 실무적이라고 느끼므로 이것들에 의존할 것이다. 그들은 자신의 목적에 도움이 되지 않으면, 인간의 사상이나 가치관 따위에는 관심이 없다. 인류가 가진 사상이나 가치관이 그들에게 없어서, 그들이 인류의 영성에 끌린다고 생각하는 것으로 자신을 속이지 말라. 이것은 어리석은 생각이며, 어쩌면 치명적인 실수가 될 수 있다. 당신의 호기심을 자극하는 것들이나 인류의 삶에 그들이 매혹될 것으로 생각하지 말라. 왜냐하면 아주 드문 경우 말고는 이런 것들로 당신이 그들에게 영향을 줄 수 없기 때문이다. 그들은 자연스러운 호기심을 모두 박탈당하여 그런 호기심이 거의 없다. 실제로 당신들이 "영"이라고 부르는 것, 우리가 "봔", 즉 "통찰의 길"이라고 부르는 것이 그들에게는 거의 없다. 그들은 통제받고 통제하며, 확고하게 정착되고 엄격하게 강화된 사고방식과 행동방식을 따른다. 그들이 당신의 사상에 공감한 듯 보일 수도 있지만, 그것은 오직 충성을 얻어내기 위한 것일 뿐이다.

방문자들은 당신들이 미래에 그들에게 충성하도록 끌어내는 데 도움이 되는 가치관과 신앙을 지구의 종교단체에서 찾아 활용하고자 할 것이다. 우리가 직접 관찰한 것과 불가시 존재들이 오랫동안 우리에게 알려준 것을 바탕으로 예를 들어보겠다.

지구에는 기독교 신앙을 가진 사람이 많다. 기독교 신앙이 삶에서 영적 정체성과 목적을 묻는 근원적 질문에 접근하는 유일한 길은 당연히 아니지만, 이 신앙을 갖는 일은 훌륭한 일로 보인다. 방문자들은 그들 조직에 충성하게 하려고 유일한 지도자에게 충성하는 근본 사상을 활용할 것이다. 그래서 기독교에서는 예수 그리스도가 크게 이용될 것이다. 세상에 예수 재림에 대한 희망과 약속이 방문자들에게 완벽한 기회를 제공한다. 특히 새천년이 시작되니 더욱 그렇다.

우리가 아는 바로 진짜 예수는 지구에 돌아오지 않는다. 왜냐하면 그는 불가시 존재들과 함께 일하며, 인류는 물론 다른 종족들도 돕기 때문이다. 예수의 이름으로 오는 자는 큰 공동체에서 올 것이다. 그는 현재 지구에 있는 집단들에 의해 탄생되어 이 목적으로 사육된 자일 것이다. 그는 인간처럼 보일 것이고, 당신들이 지금 해낼 수 있는 것과 비교하면 상당한 능력이 있을 것이다. 그는 완전히 이타적으로 보일 것이며, 두려움이나 깊은 존경을 불러일으킬 만한 행동도 연출할 수 있을 것이다. 또한 천사나 악마, 그 밖에 그의 상관이 당신들에게 보여주기를 바라는 모습은 무엇이든 투영할 수 있을 것이다. 마치 영

적 힘을 가진 것처럼 보일 것이다. 하지만 그는 큰 공동체에서 올 것이
며, 집단의 일원일 것이다. 그는 자신을 따르도록 충성심을 불러일으
킬 것이다. 그리하여 그를 따르지 않는 사람에게는 끝내 소외감과 파
멸을 조장할 것이다.

　다수에게서 충성을 얻어내기만 하면, 방문자들은 얼마나 많은 사
람이 죽든 상관하지 않는다. 그래서 방문자들은 이런 권위와 영향을
주는 근본 사상에 초점을 맞출 것이다.

　그래서 방문자들이 재림을 준비하고 있다. 우리가 알기로는 세상
에 그 증거가 이미 있다. 사람들은 방문자들이 세상에 있다는 것을 알
지도 못하고, 큰 공동체의 실상도 알지 못한다. 그래서 자신들의 구세
주, 자신들의 스승이 재림할 시기가 왔다고 느끼면서, 의심하지 않고
이전의 믿음을 자연스럽게 받아들일 것이다. 하지만 그렇게 온 자는
천사의 무리에 속하지 않으며, 앎이나 불가시 존재들을 대변하지도 않
고, 창조주나 창조주의 뜻을 표현하지도 않을 것이다. 우리는 세상에
서 조작되는 이 계획을 알고 있으며, 다른 행성에서도 비슷한 계획들
이 행해진 것을 본 적이 있다.

　다른 종교에서도 방문자들은 획일화를 조장할 것이다. 즉, 당신들
이 근본주의 종교라고 부르는, 과거에 바탕을 두고, 권위에 충성하고
단체에 순응하는 것에 바탕을 두는 것을 갖도록 조장할 것이다. 이 획
일화가 방문자들을 돕는다. 방문자들은 인류 종교의 이념이나 가치관
에는 관심이 없으며, 오직 이 종교들을 어떻게 이용할 수 있는지에만
관심이 있다. 사람들이 더욱 비슷하게 생각하고, 비슷하게 행동하며,
예측할 수 있게 반응하면 할수록, 집단들에게 더욱 도움이 된다. 지금
여러 종교에서 이러한 순응을 장려하고 있다. 여기서 집단들의 의도는
모든 종교를 똑같은 것으로 만드는 것이 아니라, 각각의 종교가 그 안
에서 단순해지도록 하는 것이다.

　지구 한 편에서 한 특정 종교이념이 주도권을 잡고, 다른 한 편에
서 다른 종교이념이 주도권을 잡으면, 이것이 방문자들에게 정말 도움

이 된다. 질서가 있고 순응하고 충성하기만 하면, 종교가 한두 개 더 있는 것은 그들에게 문제가 되지 않는다. 당신이 따르거나 믿을 만한 종교가 그들에게 없더라도, 그들은 그들의 가치관을 갖도록 인간의 종교를 이용할 것이다. 왜냐하면 그들은 당신들이 그들의 조직과 집단에 완전히 충성하도록 하는 일에만 가치를 두며, 그들이 지시한 방식대로 참여하여 전적으로 충성하는 것에만 관심을 두기 때문이다. 그들이 지시한 것을 따를 때, 세상에 평화와 구원이 온다고 당신들에게 확신시킬 것이며, 어떤 종교의 인물이냐는 상관없이 그 재림이 세상에 가장 가치 있는 것으로 당신들에게 확신시킬 것이다.

이것은 근본주의 종교가 외계 세력들에게 지배받는다는 말이 아니다. 왜냐하면 근본주의 종교는 지구에 이미 굳건히 자리잡고 있기 때문이다. 우리가 여기서 말하려는 것은 근본주의로 가려는 충동, 근본주의의 메커니즘이 외계 세력들의 후원을 받을 것이고, 그들 목적에 이용된다는 점이다. 그러므로 종교를 깊이 믿는 사람들은 모두 세심하게 주의를 기울여 방문자들의 영향을 분별하고, 가능한 한 그 영향을 상쇄해야 한다. 이때 방문자들이 설득하는 사람은 일반인이 아니라 지도층이다.

방문자들은 자신들이 때맞춰 개입하지 않으면, 인류는 지구와 함께 자멸할 것으로 굳게 믿는다. 이것은 사실에 근거한 것이 아니라, 순전히 가정에서 나온 것이다. 인류가 자멸할 위험은 있지만, 반드시 그런 것은 아니다. 하지만 집단들은 반드시 그렇다고 믿는다. 그래서 급하게 행동해야 하고 그들이 설득하는 프로그램에 크게 역점을 두어야 한다고 믿는다. 그들 말에 넘어갈 수 있는 사람은 쓸모가 있으니 소중히 다룰 것이며, 넘어가지 않는 사람은 버림받고 소외될 것이다. 방문자들이 지구를 완전히 조종할 수 있을 만큼 강해지면, 따르지 않는 사람은 쉽게 제거될 것이다. 물론 방문자들이 직접 제거하지는 않을 것이며, 그들의 설득에 완전히 넘어간 바로 그 사람들을 통해서 할 것이다.

끔찍한 시나리오라는 것을 알지만, 우리가 이 메시지에서 표현하고 있는 것들을 당신이 이해하고 받아들이려면, 혼동하지 말아야 한다. 방문자들이 얻고자 하는 것은 인류의 전멸이 아니라, 인류의 통합이다. 그들은 이 목적으로 인류와 교배할 것이다. 그들은 이 목적으로 인류의 종교적 충동과 종교단체를 그들 뜻에 맞게 이용하려고 할 것이다. 그들은 이 목적으로 은밀하게 지구에서 기반을 잡을 것이다. 그들은 이 목적으로 정부나 요직 인사에 영향을 줄 것이다. 그들은 이 목적으로 지구의 군사력에 영향을 줄 것이다. 방문자들은 성공할 수 있다고 확신한다. 왜냐하면 아직 인류는 그들의 수단이나 속셈에 대응할 만큼 충분히 저항하지 않았기 때문이다.

그들에게 대응하려면, 당신은 큰 공동체 앎길을 배워야 한다. 우주에서 자유로운 종족이 되려면 앎길을 배워야 한다. 물론 앎길은 각각의 문화 안에서 그에 맞게 설명될 수 있다. 앎길은 개인의 자유의 원천이다. 앎길은 개인이나 사회가 자신의 참된 모습을 가질 수 있게 해주고, 자신의 행성 안에서나 큰 공동체 안에서 앎에 반대되는 영향을 상대하는 데 필요한 지혜를 얻을 수 있게 해준다. 그러므로 앎길은 새로운 방법들을 배우는 데 필요하다. 왜냐하면 인류는 새로운 세력들을 만나고 새로운 영향을 받는 새로운 상황으로 들어가고 있기 때문이다. 실제로 이것은 미래의 가능성이 아니며, 당장 눈앞에 있는 도전이다. 우주의 삶은 당신들이 준비될 때까지 기다리지 않는다. 당신들이 준비됐든 안 됐든, 사건들은 일어날 것이다. 방문은 당신들의 합의나 허락 없이 일어났다. 당신들의 기본권은 당신들이 지금 깨닫는 것보다 훨씬 심하게 침해당하고 있다.

이 때문에 우리가 파견되었으며, 단지 우리의 관점을 알려주고 격려만 하는 것이 아니라, 경종을 울리고 자각하게 하고 헌신하게 하려는 것이다. 우리는 전에 군사개입을 통해 인류를 구할 수 없다고 말했다. 그것은 우리 역할이 아니다. 설혹 우리가 그렇게 해보려고 힘을 모았다 하더라도, 지구는 멸망할 것이다. 우리는 조언만 할 수 있다.

당신들은 미래에 격렬한 방식으로 표현되는 종교 신앙의 잔인함을 볼 것이다. 종교 신앙이 공격과 파괴의 무기로 이용되어, 믿지 않는 사람이나 힘없는 국가들에 끔찍한 일들이 자행될 것이다. 방문자들에게는 종교단체가 국가를 다스리는 것보다 더 좋은 것이 없다. 당신들은 종교단체가 통치하는 것에 저항해야 한다. 방문자들에게는 모든 사람이 같은 종교 가치관을 갖는 것보다 더 좋은 일이 없다. 왜냐하면 그럼으로써 그들의 노동력이 증대되고, 그들의 일이 훨씬 더 쉬워지기 때문이다. 이 모든 것이 밖으로 드러날 때, 이런 영향은 본질적으로 묵종하고 내맡기는 것으로 바뀔 것이다. 자신의 의지를 내맡기고, 목적을 내맡기며, 자신의 삶과 능력을 내맡길 것이다. 그런데도 이것이 인류에게 위대한 성취이고 커다란 사회발전으로 알려질 것이며, 인류 종족의 새로운 통합이고 평화와 안정의 새로운 희망이며 인간의 천성에 대한 인간 정신의 승리로 알려질 것이다.

그러므로 우리는 당신이 현명하지 못한 결정을 하거나 이해할 수 없는 것에 자신의 삶을 내주지 않도록 당신에게 조언해주고자 왔으며, 누가 어떤 보상을 약속하더라도 분별력과 신중함을 저버리지 않도록 당신을 격려하고자 왔다. 그리고 우리는 당신 내면에 있는 앎, 즉 당신이 태어날 때 함께 왔고 당신의 가장 큰 가능성이자 유일한 가능성을 담고 있는 영적 지성을 저버리지 않도록 당신을 격려해야 한다.

어쩌면 이 말을 들으면서 당신은 우주를 전혀 은총이 없는 곳으로 볼지도 모른다. 또 어쩌면 탐욕이 보편적이라고 생각하며 부정적이 되거나 두려워할지도 모른다. 그러나 그렇지는 않다. 다만 지금 필요한 것은 당신이 강해져야 하며, 이전보다 더 강해져야 하고, 지금보다 더 강해져야 한다. 당신이 이처럼 강해질 때까지는 지구에 개입하는 이들과 통신하는 것을 환영하지 말라. 지구 밖에서 온 방문자들에게 마음과 가슴을 열지 말라. 왜냐하면 그들은 그들 목적을 위해 이곳에 오기 때문이다. 방문자들이 당신들의 종교적 예언이나 숭고한 이상을 실현할 것으로 생각하지 말라. 이것은 착각일 뿐이다.

큰 공동체에는 개인에서 국가에 이르기까지, 인류가 지금까지 이룬 것보다 훨씬 더 높이 성취한 위대한 영적 세력들이 있다. 하지만 그들은 다른 행성에 가서 지배하지 않으며, 우주에 있는 정치적·경제적 세력들을 대표하지 않는다. 또한 그들 자신의 기본 욕구충족을 넘어서 상업에 종사하지 않으며, 급한 경우가 아니면 거의 여행하지 않는다.

그들은 큰 공동체에 새로 출현하는 종족들을 도우려고 우리와 같은 사절단을 파견한다. 또한 영적 사절로서 불가시 존재들이 있으며, 그들은 받아들일 준비가 된 이들, 선량하고 가능성을 보여주는 이들에게 말한다. 이것이 신이 우주에서 일하는 방식이다.

인류는 어려운 새 환경으로 들어가고 있다. 지구는 다른 종족들에게 매우 가치가 있다. 당신들은 지구를 지켜야 한다. 또한 지구자원을 보존해야 하며, 그래서 기초 생필품을 얻으려고 다른 국가들과 무역해야 하거나 무역에 의존하는 일이 없어야 한다. 지구자원을 보존하지 않으면, 당신들은 자유와 자급자족을 대부분 포기해야 할 것이다.

당신의 영성은 건전해야 하며, 진짜 체험에 바탕을 두어야 한다. 왜냐하면 가치관과 믿음, 의식이나 종교는 방문자들이 그들 목적을 위해 이용할 수 있고 또 지금 이용하고 있기 때문이다.

이제 방문자들이 어떤 분야에서 매우 취약한지 말해 보겠다. 방문자들은 개인 의지가 거의 없으며, 복잡한 것을 잘 다루지 못한다. 그들은 인류의 영적 본성을 이해하지 못한다. 앎에 대한 충동도 당연히 이해하지 못한다. 당신이 앎으로 강해질수록, 더욱더 이해할 수 없는 사람이 되고, 더욱더 조종하기 힘들며, 그들에게 더욱더 쓸모가 없어진다. 개인적으로 당신이 앎으로 강해질수록, 당신은 그들에게 더욱더 큰 도전이 된다. 앎으로 강해지는 사람이 많아질수록, 방문자들은 그들을 고립시키기가 더욱 어려워진다.

방문자들에게는 물리적 힘이 없다. 그들의 힘은 정신환경에 있고, 과학기술에 있다. 그들의 수는 당신들에 비해 적다. 그들은 당신들의 묵종에 온통 의존하며, 이 부분에서 성공을 의심하지 않는다. 그들이 지금까지 경험한 것으로 보면, 인류는 별다른 저항을 하지 않았다. 하지만 당신들이 앎으로 강해질수록, 개입과 조종에 반대하는 더 강한 세력이 되고, 인류의 자유와 종족 보존을 위해 더 강한 세력이 된다.

비록 우리의 메시지를 귀담아듣는 사람이 많지 않을지라도, 당신의 응답은 중요하다. 어쩌면 우리의 존재를 믿지 않아 이 메시지에 반발할 수도 있겠지만, 우리는 여전히 앎을 따라 말한다. 그러므로 우리가 말하고 있는 것을 아는 데 당신이 자유롭다면, 당신은 내면에서 알 수 있다.

우리는 이 메시지가 많은 믿음과 관습에 부합되지 않는다는 것을 안다. 심지어 우리가 여기에 있다는 사실마저 불가사의해서 많은 사람이 받아들이지 않을 것이다. 그래도 우리는 앎으로 말하므로, 당신은 우리의 말, 우리의 메시지와 공명할 수 있다. 진실의 힘이 우주에서 가장 큰 힘이다. 그래서 자유롭게 해주는 힘이고, 깨우쳐주는 힘이며, 그 힘이 필요한 이들에게 강인함과 확신을 주는 힘이다.

인간이 비록 양심을 항상 따르지는 않더라도 매우 귀하게 여긴다고 우리는 들었다. 우리가 앎길을 이야기할 때 말하는 것이 바로 이 양심이다. 이 양심은 모든 참된 영적 충동의 밑바탕이며, 인류 종교에 이미 담겨 있다. 그래서 당신들에게 새로운 것이 아니지만, 이 양심을 소중히 여겨야 한다. 그러지 않으면, 인류가 큰 공동체에 대비하도록 하는 우리의 노력과 불가시 존재들의 노력은 성공하지 못할 것이고, 응답하는 사람이 너무 적을 것이며, 진실은 그 소수에게 큰 짐이 될 것이다. 왜냐하면 그들은 그 진실을 효과적으로 공유할 수 없을 것이기 때문이다.

그러므로 우리는 종교단체나 관습을 비판하려고 온 것이 아니라, 다만 이것들이 당신들에게 어떻게 악용될 수 있는지 설명하려고 왔다. 우리는 종교단체나 관습을 바꾸거나 거부하려고 온 것이 아니라, 이것들이 당신들에게 참된 방식으로 봉사하려면 본디 순수함이 어떻게 배어 있어야 하는지 알려주기 위해 왔다.

큰 공동체에서는 영성이 우리가 앎이라고 부르는 것으로 구체화된다. 앎은 당신 내면에 있는 영의 지성, 영의 활동을 의미한다. 이 앎이 당신에게 단순한 믿음이 아닌, 아는 힘을 준다. 또한 설득과 조종에서 벗어나게 해준다. 왜냐하면 앎은 세상의 어떤 힘이나 세력에 조종당하지 않기 때문이다. 이 앎이 인류 종교에 생명을 주고, 인류 운명에 희망을 준다.

이 개념들은 모두 본질적이므로 진실이다. 하지만 집단들에게는 이 개념이 없다. 당신이 집단에 속한 이들을 만나거나, 심지어 그들의 현존만을 단순히 접하더라도, 당신 마음을 유지할 수 있는 힘만 있다면, 혼자서도 이것을 알 것이다.

살면서 큰 힘에 자신을 내맡기고 싶어 하는 사람이 세상에 많다고, 우리는 들었다. 이것은 지구에만 있는 독특한 것은 아니지만, 큰 공동체에서는 그런 식의 접근이 노예화를 초래한다. 방문자들이 여기에 이처럼 많이 오기 전, 지구 자체 안에서도 그런 식의 접근이 가끔 노예화를 초래한 것으로 우리는 알고 있다. 그런데 큰 공동체에서는 당신이 훨씬 더 취약하니, 더 현명하고 조심해야 하며, 더욱더 자급자족할 수 있어야 한다. 여기서 무모하게 행동하면, 큰 대가를 치르고 엄청난 불행을 초래한다.

당신이 앎에 응답할 수 있고, 큰 공동체 앎길을 배울 수 있다면, 혼자서도 이것들을 알 수 있을 것이다. 그러면 우리가 하는 말을 단순히 믿거나 부인하는 것이 아니라, 확실히 인정할 것이다. 창조주가 이것을 가능하게 한다. 왜냐하면 창조주의 뜻은 인류가 미래를 준비하는 것이기 때문이다. 그래서 우리가 이렇게 왔다. 그래서 우리가 이처럼 지켜보고, 본 것을 보고하는 것이다.

인류 종교들은 그 핵심의 가르침에서 인류의 우수함을 잘 말해준다. 우리는 인류 종교의 가르침에 대해 불가시 존재들에게 들을 기회가 있었다. 하지만 그 가르침에는 잠재적인 약점도 있다. 만약 인류가 좀 더 주의를 기울이고, 큰 공동체 삶의 현실과 너무 이른 방문의 의미를 이해했다면, 위험이 지금처럼 크지 않을 것이다. 이들 방문이 인류에게 큰 보상과 성취를 가져다줄 것이라는 희망과 기대가 있다. 하지만 인류는 아직 큰 공동체의 현실에 대해서도 들어보지 못했고, 지구와 접촉하고 있는 강한 세력들의 현실에 대해서도 들어보지 못했다. 큰 공동체를 이해하지 못하고 방문자들을 성급하게 신뢰하는 것은 인류에게 도움이 되지 않는다.

큰 공동체 전역에 걸쳐 현자들이 드러내지 않은 채로 지내는 것이 이 때문이다. 현자들은 큰 공동체에서 무역을 하려고 하지 않고, 협동조합이나 상업조합의 일원이 되려고도 하지 않으며, 여러 행성과 외교활동을 하려고도 하지 않는다. 현자들이 헌신하는 조직망은 그 특성이 매우 신비롭고 영적이다. 그들은 물질 우주에서 삶의 현실에 노출되는 위험과 어려움을 잘 안다. 그래서 주위와 거리를 유지하고, 항상 국경의 경계를 게을리하지 않는다. 그들은 좀 더 비물질적 수단을 통해서만 자신의 지혜를 전하려고 한다.

당신은 아마 지구에서도 가장 현명하고 가장 재능 있는 사람들이 이렇게 표현하는 것을 볼 수 있을 것이다. 그들은 상업수단을 통해 개인 이익을 취하려고 하지 않으며, 정복이나 조종에 몰두하지 않는다. 지구 자체 안에서도 많은 것을 당신에게 말해준다. 비록 규모는 작지만, 우리가 여기서 말한 것을 지구 역사에서도 많은 것을 보여준다.

그래서 우리는 상황의 심각성을 경고할 뿐만 아니라, 할 수만 있다면 당신에게 필요한 삶에 대한 큰 인식과 이해를 제공하고자 한다. 우리는 충분히 많은 사람이 이 말을 듣고 위대한 앎에 응답하리라 믿는다. 또한 우리의 메시지가 두려움과 공포를 조장하려고 이곳에 온 것이 아니라, 지구에 자유와 선의 보존을 위해 책임감과 헌신을 불러 일으키려고 이곳에 왔음을 알아볼 수 있는 사람들이 많기를 희망한다.

만약 인류가 개입을 막지 못한다면, 우리는 이것이 무엇을 뜻하는지 그려볼 수 있다. 우리는 이런 일을 다른 곳에서 보았으며, 우리도 우리 각각의 행성에서 하마터면 그리될 뻔했다. 집단의 일원이 되면, 지구는 자원을 착취당할 것이고, 사람들은 갇혀 일할 것이며, 반역자나 이단자는 소외되거나 처형될 것이다. 지구는 농사나 채굴 목적으로 보존될 것이다. 인간 사회는 존속되겠지만, 오직 지구 밖의 세력들에 예속되어 존속할 것이다. 그리고 자원이 바닥나 지구가 더 이상 쓸모가 없으면, 인류는 버려질 것이고 상실감에 빠질 것이다. 지구를 지탱해주는 생물체를 빼앗길 것이고, 생존수단을 강탈당할 것이다. 이런 일은 다른 곳에서 이미 많이 일어났다.

지구의 경우에는 집단들이 지구를 전략기지나 생물체 보관소로 계속 이용하기 위해 보존하는 방향으로 선택할지도 모른다. 하지만 인간은 강압통치 아래서 극심하게 고통받을 것이다. 인류의 인구는 감소할 것이다. 인류에 대한 관리는 새 질서 속에서 인류를 이끌도록 사육된 이들에게 맡겨질 것이다. 당신이 아는 인간의 자유는 더 이상 존재하지 않으며, 당신은 냉혹하고 강압적인 외부 통치에 신음할 것이다.

큰 공동체에는 집단이 많다. 어떤 것은 크고 어떤 것은 작다. 어떤 것은 전략을 펴는 데 약간 윤리적이기도 하지만, 대부분은 그렇지 않다. 지구를 지배하는 일과 같은 기회를 얻기 위해 서로 경쟁하는 경우, 위험한 행동이 자행될 수도 있다. 당신이 우리가 하는 말에 오해가 없도록 우리는 이렇게 설명해주어야 한다. 당신이 할 수 있는 선택은 한정되어 있지만, 아주 중요하다.

그러므로 방문자들 관점에서 보면, 당신들은 모두 그들 이익에 도움이 되도록 관리되고 통제되어야 하는 부족들이라는 점을 이해하라. 이 관리와 통제를 위해 당신들의 종교와 일부 사회 현실은 보존될 것이다. 하지만 당신들은 많은 것을 잃을 것이다. 그리고 그중 대부분은 당신이 빼앗겼다는 사실을 눈치채기도 전에 잃을 것이다. 그러므로 우리는 당신에게 방심하지 말고 책임감을 느끼고, 배우는 데 헌신할 것을 권장할 수밖에 없다. 큰 공동체 삶에 관해 배우고, 큰 공동체 환경 안에서 인류 문화와 현실을 보존하는 법을 배우며, 자신을 돕기 위해 이곳에 온 이들을 알아보는 법과 그들을 다른 이들에게서 분별하는 법을 배워야 한다. 이러한 큰 분별력이 세상에 대단히 필요하다. 심지어 당신 개인의 어려움을 해결하는 데도 필요하지만, 큰 공동체에서 당신의 생존과 안녕에는 절대적으로 근간이 된다.

그러므로 우리는 당신이 용기를 내도록 격려한다. 우리는 당신들과 공유해야 할 것이 더 많이 있다.

인류에게 새로운 가능성을 여는 문턱

지금 지구에 있는 외계인에 대비하려면, 미래에 지구를 에워싸는 삶, 인류가 그 구성원이 되는 삶인 큰 공동체 삶에 대해 더 많은 것을 배울 필요가 있다.

지적 생명체로 이루어진 큰 공동체에 출현하는 것은 항상 인류의 운명이었다. 이것은 피할 수 없으며, 지적 생명체가 심어진 행성이 성장하는 과정에서 한 번은 꼭 일어나는 일이다. 당신은 결국 인류가 큰 공동체에서 살았다는 것을 깨닫게 될 것이다. 또한 결국 지구 안에서도 인류만 있었던 것이 아니었고, 방문이 있었다는 것을 알게 될 것이며, 지구가 위치한 큰 공동체에 널리 퍼져있는 다른 믿음과 사고방식을 상대하는 법을 배워야 하고, 다른 종족들과 세력들에 인류가 대항하는 법을 배워야 한다는 것을 알게 될 것이다.

큰 공동체 출현은 인류의 운명이다. 인류의 고립은 이제 끝났다. 방문이야 과거에도 여러 차례 있었지만, 고립상태는 이제야 끝이 나게 되었다. 우주는 물론 지구 안에서조차 더 이상 혼자가 아님을 인류는 이제 알아야 한다. 이것은 이미 세상에 나와 있는 큰 공동체 영성의 가르침에서 훨씬 더 상세하게 알려주고 있다. 여기서 우리의 역할은 당신이 지금 출현하는 삶의 거대한 파노라마인 큰 공동체 삶을 더 깊이 이해할 수 있도록 있는 그대로 설명해주는 것이다. 그래야 당신이 새로운 현실에 더 깊은 객관성·이해·지혜를 가지고 접근할 수 있을 것이다. 인류는 오랫동안 상대적 단절 상태로 살았으므로, 당신들이 신성시하고, 세상에서 활동하고 인식한 것을 바탕으로 한 관념·원리·과학에 따라 우주의 다른 부분이 움직인다고 생각하는 것은 자연스러운 일이다.

큰 공동체는 광활하다. 가장 먼 변두리는 탐사조차 되지 않았다. 큰 공동체는 어느 한 종족이 파악하기에는 너무 크다. 이런 어마어마한 창조물 안에는 지적 생명체가 온갖 진화 수준에서 존재하며, 수많은 표현방식이 존재한다. 지구는 큰 공동체에서 제법 밀집 주거지역에 위치한다. 큰 공동체에는 지금껏 탐사되지 않은 지역도 많고, 종족들이 은밀히 살아가는 지역도 많다. 발현된 삶의 관점에서 볼 때, 큰 공동체에는 모든 것이 존재한다. 삶이 우리가 말한 것처럼 어렵고 도전적으로 보이긴 하지만, 창조주는 앎을 통해 분리된 것을 복원하면서 모든 곳에서 일한다.

큰 공동체에서는 모든 종족과 모든 사람에게 맞는 하나의 종교, 하나의 이념, 한 형태의 정부란 있을 수 없다. 그러므로 우리가 종교를 말할 때는 앎의 영성을 말한다. 왜냐하면 앎의 영성은 당신이나 당신의 방문자들, 당신이 앞으로 마주치게 될 다른 종족들, 이 모든 지적 생명체에 있는 앎의 힘과 현존을 말하기 때문이다.

그래서 우주의 영성은 큰 중심점이 된다. 즉, 지금 지구에 널리 퍼져 있는 다양한 이해와 사상을 한데 모아주고, 지구의 영적 현실에 공통된 기반을 준다. 그런데 앎의 공부는 단순히 교화만을 위한 것이 아니며, 큰 공동체에서 생존하고 발전해나가는 데도 필요하다. 인류가 큰 공동체에서 자유와 독립을 확립하여 유지하려면, 충분히 많은 사람에게 이 큰 능력이 개발되어야 한다. 조종과 영향에서 자유로운 부분은 유일하게 앎뿐이다. 현명한 이해와 행동은 모두 앎에서 나온다. 큰 공동체 환경에서 자유를 소중히 여기며, 집단들이나 다른 사회에 통합

되지 않고 자신의 운명을 확립하고자 한다면, 앎은 필수 불가결한 것
이 된다.

그러므로 우리가 현재 지구의 심각한 상황을 말하지만, 동시에 인
류에게 큰 선물과 큰 가능성이 있다는 것도 말한다. 왜냐하면 창조주
는 인류가 한 종족으로서 넘어야 할 문턱 중 가장 큰 것인 큰 공동체
출현에 준비되지 않은 채로 놓아두려 하지 않기 때문이다. 우리도 이
선물의 축복을 받았으며, 지구 달력으로 수백 년 동안 지니고 있다. 우
리는 선택해야 했고 필요했기 때문에 이 선물에 대해 배워야 했다.

사실, 우리가 인류의 동행자로서 말할 수 있고, 이 상황보고에서
정보를 제공할 수 있는 것은 앎의 현존과 힘이 있기 때문이다. 이런 위
대한 계시를 우리가 알지 못했다면, 우리는 우리의 미래와 운명을 바
꿀 우주의 큰 세력들을 이해하지 못한 채, 우리의 행성들에만 고립되
었을 것이다. 하지만 지금 인류에게 전해지는 이 선물을 우리도 받았
고, 가능성을 보여준 다른 여러 종족들도 받았다. 이 선물은 특히 인류
처럼 가능성을 지녔으면서도 큰 공동체에서 매우 취약한, 신흥 종족들
에게 중요하다.

그러므로 우주에 종교나 이념이 하나일 수는 없지만, 모두가 이용
할 수 있는 하나의 우주적 원리와 이해, 하나의 우주적 영적 실체가 있
다. 이 우주적 영적 실체는 아주 완벽하여 인류와는 아주 다른 종족들
에게도 말할 수 있다. 이 실체는 현시된 모든 삶 속에 있는 다양한 생
명체에게 말한다. 지구 안에 사는 당신들에게 이제 그런 위대한 실체
를 배울 기회, 인류를 위한 그 힘과 은총을 체험할 기회가 왔다. 사실,
우리가 보강해주고 싶은 선물이 결국 이 실체의 힘과 은총이다. 왜냐
하면 이 힘과 은총이 인류의 자유와 자결권을 지켜줄 것이고, 우주에
서 큰 가능성을 열어줄 것이기 때문이다.

하지만 처음에는 당신에게 역경과 큰 도전이 있다. 그래서 당신은
깊은 앎과 큰 자각을 배워야 한다. 당신이 이 도전에 응한다면, 당신은
자신만이 아닌, 인류 전체를 위해 수혜자가 된다.

큰 공동체 영성의 가르침이 지금 세상에 전해지고 있다. 이 가르침은 지구에 처음으로 전해지고 있으며, 새 메시지의 메신저로서 일하는 한 사람을 통해 전해지고 있다. 이 가르침은 매우 중대한 시기, 인류가 큰 공동체의 삶을 배워야 하고 지금 지구에 영향을 주는 큰 세력들을 배워야 하는 중대한 시기에 전해지고 있다. 세상 너머에서 오는 가르침과 이해만이 이런 이점과 준비를 인류에게 줄 수 있다.

인류만 이런 큰 일을 행하는 것이 아니다. 우주에는 이런 일을 행하는 다른 종족들이 있으며, 심지어 인류와 비슷한 발전단계의 종족들도 있다. 인류는 이 시기에 큰 공동체에 출현하는 여러 종족 중 하나일 뿐이다. 각각의 종족에게는 모두 가능성이 있지만, 이 큰 환경에 존재하는 어려움·시련·영향에 모두 취약하다. 실제로 많은 종족이 집단이나 상업조합의 일원이 되거나 큰 세력의 의존국이 되고 말아, 자유를 맛보지도 못하고 잃어버렸다.

인류에게 이런 일이 일어나면 엄청난 손실이 될 것이므로, 우리는 그런 일이 없기를 바란다. 바로 이 때문에 우리가 여기 왔으며, 바로 이 때문에 창조주가 인간 가족에게 새로운 이해를 전해주려고 지금 세상에 적극적으로 관여한다. 지금은 인류가 서로 끝없이 투쟁하는 것을 멈추고 큰 공동체의 삶에 대비해야 할 때이다.

지구가 위치한 이 작은 태양계 밖은 활동이 많은 지역이다. 이 지역에서는 정해진 길을 따라 무역한다. 여러 행성이 서로 교류하고 경쟁하며 때로는 싸우기도 한다. 상업이득을 취하려는 이들이 항상 기회를 엿본다. 이들은 자원뿐만 아니라, 지구와 같은 다른 행성들로부터 충성을 얻어내려고도 한다. 큰 집단의 일부로 속해 있는 이들도 있고, 훨씬 적은 규모로 그들의 연합체를 유지하는 이들도 있다. 어떤 행성이든 큰 공동체에 성공적으로 출현하려면, 상당한 수준의 자치권을 유지하고 자급자족할 수 있어야 한다. 그럼으로써 착취와 조종만을 일삼는 다른 세력들에게 자신의 노출을 막을 수 있다.

인류의 자급자족과 이해 증진, 통합이야말로 인류의 미래 안녕에 무엇보다 중요하게 된다. 방문자들의 영향력이 지구에서 이미 더 커지고 있으므로, 그 미래는 머지않았다. 많은 사람이 이미 방문자들 말에 순순히 따르며, 그들의 중개인이나 밀사가 되어 돕고 있다. 또 다른 많은 사람은 단순히 그들의 유전자 프로그램의 재원 역할을 하며 돕고 있다. 우리가 이미 말했듯이 이런 일은 많은 곳에서 무수히 일어났다. 당신에게는 이 말이 이해되지 않을 수도 있지만, 전혀 신비한 일이 아니다.

개입은 불행한 일이면서 동시에 중대한 기회이다. 당신들이 응답하고 준비하며 큰 공동체에서 주는 앎과 지혜를 배울 수 있다면, 지구에 간섭하는 세력들을 막아내면서 지구인들 사이에, 그리고 지구 종족들 사이에 더 단결할 수 있는 기반을 다질 수 있다. 물론 우리는 이렇게 되도록 격려한다. 왜냐하면 그럼으로써 곳곳에서 앎의 결속이 더 강해지기 때문이다.

큰 공동체에서는 전쟁을 억제하는 세력들이 있어 대규모 전쟁이 좀처럼 일어나지 않는다. 그 이유 중 하나가 전쟁은 교역과 자원개발을 방해하기 때문이다. 그래서 큰 나라들도 마음대로 행동할 수 없다. 왜냐하면 한 국가의 무절제한 행동은 다른 나라나 이해단체의 목표를 방해하거나 저해하기 때문이다. 행성 내에서 내전은 가끔 일어나지만, 단체나 행성 간에 대규모 전쟁은 거의 없다. 부분적으로는 바로 이런 이유 때문에 정신환경에서 기량이 발달되었다. 왜냐하면 국가들이 서로 경쟁하고 영향을 주려고 하기 때문이다. 아무도 자원을 파괴하거나 기회를 없애고 싶지 않으므로, 큰 공동체의 많은 단체가 그 기량과 능력을 상당한 수준까지 다양하게 이룩하였다. 이런 종류의 영향이 있으므로 앎의 필요성이 더욱더 크다.

인류는 이런 일에 준비되지 않았다. 하지만 인류의 영적 유산이 풍부하고 지구에서 개인의 자유를 어느 정도 이루었으므로, 상황을 더 깊이 이해할 수 있고 인류의 자유를 확립하여 보전할 가능성이 있다.

큰 공동체에서 전쟁을 억제하는 또 다른 제약이 있다. 대부분의 상업단체는 더 큰 조합에 속해 있으며, 그 조합은 조합원 간에 행동 법규가 있다. 그래서 이 법규 때문에 다른 행성이나 그 행성의 고유 자원에 접근하기 위해 무력을 사용하고자 하는 많은 이들이 행동에 제약을 받는다. 대규모 전쟁이 일어나면, 많은 종족이 개입되므로 이런 일은 좀처럼 일어나지 않는다. 인류는 매우 호전적이어서 큰 공동체에서 일어나는 싸움을 전쟁의 관점에서 상상한다고 우리는 들었지만, 전쟁은 용인되지 않으며, 무력 대신 다른 설득 수단이 이용된다.

그래서 방문자들은 엄청난 무장을 하거나, 대규모 군사력을 동원하여 지구에 오지 않는다. 왜냐하면 그들에게는 다른 방식의 기량, 즉 만나는 상대의 생각과 충동, 느낌을 조종하는 기량이 있기 때문이다. 지금 세상에 만연된 미신이나 갈등, 불신을 볼 때, 인류는 이런 설득에 매우 취약하다.

그래서 방문자들을 이해하려면, 또 미래에 만날 다른 이들을 이해하려면, 당신은 힘과 영향력의 사용에 더 성숙된 자세로 접근해야 한다. 이것은 큰 공동체 교육의 중요한 부분이다. 이것에 대한 준비의 일부가 큰 공동체 영성의 가르침 안에 있지만, 당신은 직접적인 체험을 통해서도 배워야 한다.

현재 큰 공동체를 매우 환상적으로 보는 사람이 많다고 우리는 들었다. 사람들은 기술적으로 진보한 이들이 영적으로도 진보했을 것으로 믿지만, 절대 그렇지 않다. 당신들만 보더라도 기술은 예전보다 훨씬 진보했지만, 영적으로는 그다지 진보하지 않았다. 당신들에게 더 큰 힘이 있지만, 그 힘에는 더욱더 절제해야 하는 필요성이 뒤따른다.

큰 공동체에는 기술은 물론 사고능력까지 당신들보다 훨씬 뛰어난 이들이 있다. 당신들은 그들을 상대할 수 있도록 진화하겠지만, 무기로 상대하지는 않을 것이다. 행성 간 규모의 전쟁이 나면, 모두가 손해를 볼 만큼 너무 파괴적이기 때문이다. 그런 싸움에서 무엇을 챙기고, 무슨 이득을 얻겠는가? 실제로 그런 싸움이 일어난다면, 그것은 우

주공간에서 일어나지, 지상에서는 거의 일어나지 않는다. 파괴적이고
호전적인 불량 국가는 곧장 응징을 받으며, 특히 무역이 성행하는 밀
집 주거지역에 그런 국가가 있다면 더 말할 나위가 없다.

그래서 당신은 우주에서 일어나는 싸움의 특성을 이해할 필요가
있다. 그러면 방문자들을 볼 수 있는 통찰력이 생겨 그들에게 무엇이
필요하고, 왜 그들이 지금 같은 방식으로 일하며, 왜 그들에게는 개인
의 자유가 미지의 것이고, 왜 그들이 자신의 집단에 의존하는지 알 것
이다. 그들의 특성이 그들에게 안정과 힘을 주지만, 동시에 앎으로 기
량이 다져진 이들에게 가면 매우 취약하다.

앎과 함께하면, 당신은 다양하게 생각해볼 수 있고, 자발적으로
행동할 수 있으며, 눈으로 보이는 것 너머의 현실을 인식할 수 있고,
미래와 과거를 체험할 수 있다. 자신의 문화에서 정해 놓은 것만을 따
를 수밖에 없는 이들은 결코 이렇게 할 수 없다. 당신은 방문자들보다
과학기술에서 한참 뒤처져 있지만, 앎길에서 기량을 쌓을 가능성이 있
다. 당신은 이 기량이 필요할 것이며, 여기에 점점 더 의존하는 법을
배워야 한다.

우리가 큰 공동체의 삶을 당신들에게 가르치지 않는다면, 인류의
동행자라고 할 수 없을 것이다. 우리는 많은 것을 보았고, 다양한 것
들을 경험했다. 우리의 행성들은 정복당했다가 다시 자유를 찾아야 했
다. 우리는 실수와 경험을 통해서 당신들이 직면한 싸움과 도전의 본
질을 안다. 그래서 당신들을 돕는 이 사명에 우리가 아주 적합하다. 하
지만 당신들은 우리를 만나지 못할 것이며, 우리도 지구의 지도자들을
만나러 가지 않을 것이다. 그것은 우리 목적이 아니다.

실제로 당신들에게는 가능한 한 간섭은 없어야 하겠지만, 도움은
대단히 필요하다. 당신이 길러야 하는 새로운 기량이 있고, 깨우쳐야
하는 새로운 이해가 있다. 심지어 자선 단체가 지구에 온다 하더라도,
그들은 당신들이 그들에게 의존하여 자신의 힘과 자급자족 능력을 쌓
지 못하게 하는 그런 영향을 당신들에게 줄 것이다. 당신들이 그들의

기술과 지식에 너무 의존하여, 그들은 떠나지 못할 것이다. 그래서 실제로 그들이 이곳에 옴으로써 당신들은 앞으로 다른 간섭에 훨씬 더 취약해질 것이다. 왜냐하면 당신들은 그들의 기술을 원할 것이고, 큰 공동체 무역로를 따라 여행하고자 하겠지만, 여전히 준비되지 않았고, 지혜롭지도 못할 것이기 때문이다.

그래서 인류의 미래 친구들이 이곳에 오지 않으며, 당신들을 도우려고 오지 않는다. 만약 그들이 오면, 당신들은 강해지지 못할 것이다. 당신들은 그들과 어울리고 싶고, 동맹을 맺고 싶겠지만, 그렇게 되면 자신을 보호할 수 없을 만큼 대단히 약해질 것이다. 본질적으로 인류는 그들 문화의 일부가 되고 말 것이며, 이것은 그들이 바라는 바가 아니다.

어쩌면 많은 사람이 우리가 하는 말을 이해하지 못하겠지만, 때가 되면 참으로 옳다고 느끼며, 여기에 담긴 지혜와 필요성을 알 것이다. 당장은 당신들이 너무 허약하고 산만하며 호전적이므로 심지어 미래의 친구가 될 수 있는 이들과도 동맹을 맺을 수 없다. 인류는 아직 한 목소리로 말할 수 없으므로 외부 개입과 조종에 취약하다.

큰 공동체의 현실이 지구에 더 알려지고, 우리 메시지가 사람들에게 더 많이 전달되면, 인류가 큰 문제에 직면했다는 여론이 높아질 것이다. 그럼으로써 협동과 합의에 이르는 새로운 기반을 만들 수 있을 것이다. 전 지구가 개입으로 위협받을 때, 지구 안에서 한 국가가 다른 국가보다 위에 있다고 해서 무슨 이득이 생기겠는가? 외계인이 개입하는 환경에서 누가 개인적인 힘을 얻을 수 있겠는가? 지구에서 자유를 진정으로 누리려면, 자유를 공유해야 하며, 자유를 알아볼 수 있고 알 수 있어야 한다. 자유가 소수의 특권이 되어서는 안 된다. 그러지 않으면, 거기엔 아무런 실질적인 힘이 없다.

방문자들의 축복과 협조를 믿고 세계 지배권을 장악하려는 이들이 이미 세상에 있다고 불가시 존재들에게서 들었다. 방문자들이 그들의 권력추구를 도와주겠다고 확약했겠지만, 그들이 여기서 내주는 것은 자신들의 자유와 지구의 자유에 필요한 열쇠 말고 무엇이겠는가? 그들은 무지하며, 현명하지 못하다. 그래서 자신의 실수를 보지 못한다.

또 방문자들이 인류를 위해 영적부활과 새 희망을 보여주려고 이곳에 왔다고 믿는 이들도 있다고 들었다. 하지만 큰 공동체를 전혀 모르면서 그들이 어떻게 그런 것을 알 수 있겠는가? 이러한 것은 그들의 희망과 염원이며, 그런 소망은 매우 분명한 이유로 방문자들이 심어놓았다.

우리가 여기서 말하고 있는 것은 진정한 자유, 진정한 힘, 진정한 통합이 세상에 있다는 점이다. 우리는 이 메시지를 모두가 볼 수 있도록 전하며, 우리의 말이 진지하게 받아들여질 것을 믿는다. 물론 우리는 당신들의 응답을 통제할 수 없다. 세상에 있는 미신과 두려움 때문에 많은 사람이 이 메시지를 받아들이지 않을 수도 있지만, 가능성은 여전히 있다. 우리가 당신들에게 지나치게 주면, 우리는 지구를 떠맡아야 할 것이다. 우리는 이것을 원하지 않으므로 당신들의 일에 개입하지 않으면서, 줄 수 있는 모든 것을 준다. 물론 개입해주기를 원하는 사람이 많다. 그들은 남이 구해주기만 바라며, 인류의 가능성과 인류에게 내재된 힘과 능력을 믿지 않는다. 그래서 그들은 자유를 기꺼이 내주고, 방문자들이 말한 대로 믿을 것이다. 그들은 자신들에게 해방이 온다고 생각하면서 새 주인을 섬길 것이다.

큰 공동체에서 자유는 소중한 것이다. 이것을 결코 잊어서는 안 된다. 당신들의 자유, 우리들의 자유, 모두 소중하다. 무엇이 자유인가? 창조주가 당신에게 준 앎을 따르고, 앎이 현시된 모든 곳에서 앎을 표현하고 공헌하는 능력이 바로 자유 아니겠는가?

지구 방문자들은 이런 자유가 없으며, 무슨 말인지도 모른다. 방문자들은 지구의 혼란을 보고서, 그들이 강요하는 질서가 인류를 구원하고 자멸에서 구해줄 것으로 믿는다. 그들이 가진 것은 강요하는 질서밖에 없으니, 줄 수 있는 것도 이것밖에 없다. 그들은 당신들을 이용하겠지만, 이것을 부적절한 것으로 여기지 않는다. 왜냐하면 그들 자신도 이처럼 이용당하며, 달리 아는 방법이 없기 때문이다. 그들이 프로그램화되고 조건화된 것은 대단히 철두철미하여 깊은 영성 수준에서 그들에게 다가간다는 것은 그저 희박한 가능성만을 지녔을 뿐이다. 당신에게는 그럴 만한 힘이 없다. 방문자들에게 구원의 영향을 미치려면, 당신은 지금보다 훨씬 더 강해야 할 것이다. 물론 방문자들이 프로그램에 순응하는 것은 큰 공동체에서 그리 특별한 일이 못 되며, 큰 집단에서는 매우 흔한 일이다. 획일성과 순응은 큰 집단이 효율적으로 돌아가는 데 필수이며, 특히 넓은 우주공간을 관리할 때는 더욱 그러하다.

그러므로 큰 공동체를 두려움으로 보지 말고 객관적으로 바라보라. 우리가 말하는 상황들이 이미 지구에 있다. 그러니 당신은 이러한 것들을 이해할 수 있다. 당신은 조종이 무엇인지, 영향이 무엇인지 안다. 다만, 이처럼 큰 규모로는 접해보지 않았고, 다른 형태의 지적 생명체와도 겨루어 본 적이 없다. 그래서 그리할 수 있는 기량이 아직 없다.

우리가 앎을 말하는 것은 앎이 당신의 가장 큰 능력이기 때문이다. 시간이 지나 당신들이 어떤 기술을 개발하든, 앎은 당신이 지닌 가장 큰 가능성이다. 당신들은 기술 발달에서 방문자들보다 한참 뒤처져 있으므로, 앎에 의지해야 한다. 앎은 우주에서 가장 큰 힘이며, 방문자들은 그 힘을 사용하지 못한다. 앎은 당신의 유일한 희망이다. 그래서 큰 공동체 영성의 가르침에서 앎길을 가르치고, *앎으로 가는 계단*을 제공하며, 큰 공동체 지혜와 통찰력을 가르친다. 이 준비과정이 없다면, 당신들은 자신의 곤경을 제대로 이해할 수 있는 안목이나 효과적으로 대응할 수 있는 기량을 기르지 못할 것이다. 이 곤경은 너무나 크며, 아주 생소한 것이다. 그리고 당신들은 이 환경에 아직 적응하지 못했다.

　　방문자들의 영향은 나날이 더 커지고 있다. 이것을 듣고 느끼고 알 수 있는 사람들은 모두 큰 공동체 앎길을 배워야 한다. 이것이 부름이고, 선물이며, 도전이다.

　　즐거운 환경에서는 필요성이 그렇게 커 보이지 않을 수도 있다. 하지만 그 필요성은 대단히 크다. 왜냐하면 외계인이 지구에 있는 한, 어디에도 안전한 곳이 없으며, 숨을 곳이나 편히 쉴 곳이 없다. 그래서 순순히 따르느냐, 아니면 자유를 위해 일어서느냐, 둘 중 하나만 선택할 수 있다.

　　이것은 모든 사람 앞에 놓인 큰 결정이자, 큰 전환점이다. 큰 공동체에서, 어리석게 굴어서는 안 된다. 큰 공동체는 대단히 많은 것을 요구하는 환경이며, 출중해야 하고, 헌신해야 한다. 지구는 대단히 가치가 크다. 지구 자원은 다른 종족들이 탐을 내며, 지구는 전략적으로 대단히 중요한 위치에 있다. 설혹 지구가 상업 활동하는 곳이나 무역항로에서 멀리 떨어져 있다 하더라도, 결국 누군가에 의해 발견될 것이다. 그때가 지금 당신들에게 찾아왔으며, 순조롭게 진행되고 있다.

　　그러니 용기를 내야 한다. 지금은 용기를 낼 때이지, 망설일 때가 아니다. 당신에게 닥칠 상황의 심각성을 알 때, 당신은 자신의 삶과 응답의 중요성을 알고, 지금 세상에 제공된 이 준비의 중요성을 안다. 이 준비는 당신의 인격함양과 성장만을 위한 것이 아니며, 당신의 생존과 보호를 위한 것이기도 하다.

질문과 대답*

우리가 지금까지 제공한 정보를 고려해볼 때, 우리의 실체나 우리가 제공한 메시지의 중요성에 관해 당연히 일어날 의문들에 대답하는 것은 중요한 일이라고 여긴다.

◆

"분명한 증거도 없는데, 당신들이 말하는 개입을 사람들이 왜 믿어야 하는가?"

먼저, 지구 방문에 관련된 증거가 틀림없이 많을 것이다. 우리는 실제로 그 증거가 많다고 들었다. 하지만 사람들이 그 증거를 어떻게 이해해야 할지 몰라, 자신이 바라는 의미, 대부분 위안이나 안심이 되는 의미를 부여한다는 말도 불가시 존재들을 통해서 들었다. 시간을 갖고 이 문제를 조사해보면, 지금 지구에 개입이 있다는 것을 입증할 증거가 충분하다. 정부나 종교 지도자들이 그런 일을 밝히지 않는다고 해서, 그 일이 일어나지 않는다는 뜻은 아니다.

---

* 이 질문은 동행자 자료를 처음 읽은 독자들이 새 앎 도서관에 보내온 것이다.

◆

"당신들이 실재한다고 사람들이 어떻게 알 수 있는가?"

우리는 우리 육신을 당신들에게 보여줄 수 없다. 그래서 당신들은 우리가 하는 말의 의미나 중요성을 분별해야 한다. 현 시점에서는 단순히 믿음의 문제만은 아니다. 여기에는 깊은 인식·앎·공명이 필요하다. 우리는 우리 말을 진실이라고 믿지만, 사람들이 그대로 받아들일지는 확신할 수 없다. 우리는 우리 메시지에 대한 반응을 제어할 수 없다. 우리가 줄 수 있는 것보다 더 많은 증거가 필요한 사람도 있을 것이고, 내면에서 확신하므로 그런 증거가 필요 없는 사람도 있을 것이다.

어쩌면 우리가 실재하느냐 하는 문제는 여전히 논란거리로 남겠지만, 이 일에 기꺼이 자신의 노력과 삶을 바치려는 사람들이 우리 말을 진지하게 다루고, 실질적으로 존재하는 증거들을 모아 이해할 수 있기를 우리는 희망하고 믿는다. 우리 관점에서 보면, 당신들이 관심 기울여야 할 것 가운데 이보다 더 큰 문제·도전·기회는 없다.

그래서 당신들은 이제 새로운 이해의 출발점에 서 있다. 여기에는 신뢰와 자신감이 필요하다. 단순히 우리의 실재를 믿지 못하므로 우리 말을 거부하는 사람도 많을 것이고, 또 우리가 세상을 조종하고 있는 세력들의 일부가 아닐까 의심하는 사람도 많을 것이다. 우리는 이런 반응을 제어할 수 없다. 우리는 단지 우리의 메시지를 알려주고, 얼마나 멀리에 있든 당신 삶에 우리가 있다는 것을 밝힐 수 있을 뿐이다. 여기서 가장 중요한 것은 우리의 존재가 아니라, 우리가 전한 메시지, 우리가 당신들을 위해 제공할 수 있는 폭넓은 시야와 이해이다. 당신들의 교육이 어디서부터인가 시작되어야 하는데, 모든 교육은 알고자 하는 열망에서 시작된다.

우리가 여기서 제공해야 하는 것들을 차츰 밝혀나갈 수 있도록 이 상황보고를 통해 당신들에게서 최소한의 신뢰나마 얻을 수 있기를 우리는 희망한다.

◆

"개입을 긍정적으로 보는 사람들에게는 무엇을 말해주어야 하는가?"

먼저, 하늘에서 오는 모든 세력이 당신들의 영적 이해, 종교 및 근본 신앙과 연관되어 있다고 당신들이 기대하는 것을 우리는 이해한다. 우주에 평범한 삶이 있다는 개념은 이런 기본 가정에 도전이 된다. 우리의 관점이나 우리 자신의 문화에서 겪은 것을 보더라도, 우리는 이런 기대를 이해한다. 아주 먼 옛날에는 우리도 그랬다. 하지만 큰 공동체 삶의 현실과 방문의 의미를 알고 나서 그런 기대를 접어야 했다.

당신은 생명체로 가득 찬 거대한 물질 우주에서 산다. 이 생명체들은 셀 수 없이 다양한 모습을 띠며, 지적 진화와 영적 자각을 모든 수준에서 표현한다. 이 말은 당신이 큰 공동체에서 만날 수 없는 것이 거의 없다는 뜻이다.

그러나 당신들은 고립되어 있으며, 아직 우주를 여행하지 못한다. 그리고 설혹 다른 행성에 갈 만한 능력이 있다 하더라도, 우주는 광활하며, 아직 아무도 이 은하 이쪽 끝에서 저쪽 끝까지 갈 능력을 얻지 못했다. 그러므로 물질 우주는 여전히 광대하며 이해할 수 없다. 아무도 물질 우주 법칙을 통달하지 못했으며, 아무도 물질 우주를 정복하지 못했다. 또 아무도 완벽한 지배권이나 통솔권을 주장할 수 없다. 삶에는 이처럼 대단히 겸손하게 만드는 효과가 있다. 이 태양계를 한참 벗어나도 이것은 진실이다.

그래서 당신들은 선한 세력, 무지 세력, 또 인류에 대해 중립적인 세력까지 다양한 지적 생명체가 있다고 예상해도 된다. 그러나 큰 공동체를 여행하고 탐사하는 현실에서 보면, 인류와 같은 신흥 종족은 거의 예외 없이 큰 공동체 삶의 첫 번째 접촉자로 자원탐사대나 집단, 자신의 이익을 찾는 이들을 만날 것이다.

방문을 긍정적으로 해석하는 데는, 좋은 결과를 얻고 싶고, 또 인류가 스스로 해결할 수 없는 문제들을 큰 공동체로부터 도움을 얻고 싶은 인간의 기대와 소망이 한몫한다. 그런 것들을 기대하는 것은 정상이며, 특히 당신들보다 방문자들의 능력이 뛰어나다고 당신들이 여길 때, 더욱 그렇다. 하지만 이 방문을 해석하는 데 가장 큰 문제는 방문자들의 의도·계획과 관련되어 있다. 왜냐하면 방문자들은 사람들을 곳곳에서 부추겨 방문이 인류에게 전적으로 이롭게 보이도록 하기 때문이다.

◆

"이 개입이 그처럼 척척 진행되고 있는데, 당신들은 왜 좀 더 일찍 오지 않았는가?"

오래전에 동행자의 몇몇 무리가 희망의 메시지를 주고, 인류를 준비시키려고 지구를 방문하였다. 하지만 안타깝게도, 그들의 메시지를 받을 수 있는 사람들이 그 메시지를 이해할 수 없었으며, 잘못 사용했다. 동행자들의 방문에 뒤이어서, 집단의 방문자들이 지구에 더 많이 모여들었다. 우리는 이런 일이 일어날 것을 알고 있었다. 왜냐하면 지구는 가치가 대단히 커서 간과될 수 없으며, 우리가 전에 말했듯이, 지구는 밀집 주거지역에 위치하기 때문이다. 자신의 이익을 위해 지구를 이용하려는 이들에 의해 지구는 오랫동안 관찰되어 왔다.

◆

"왜 동행자들이 개입을 저지할 수 없는가?"

우리는 오직 관찰하고 조언해주기 위해 여기 왔다. 인류에게 닥칠 큰 결정들은 인류의 손에 달려있다. 다른 어느 누구도 당신들을 위해 이 결정을 해줄 수 없다. 지구 밖 멀리 있는 인류의 위대한 친구들도 개입하지 않을 것이다. 그들이 개입하면 전쟁이 나서, 지구는 적대 세력들 사이의 전쟁터가 될 것이다. 그리고 설사 당신의 친구들이 승리한다 하더라도, 당신들은 혼자 저항하거나 우주에서 자신의 안전을 유지할 수 없어, 친구들에게 온전히 의지하게 될 것이다. 우리가 알기로 이런 부담을 떠안고자 하는 선한 종족은 아무도 없다. 그리고 이것은 당신을 돕는 일도 아니다. 왜냐하면 인류는 다른 세력에 의존국이 되어, 멀리서 지배를 받아야 하기 때문이다. 이것은 어떤 식으로도 인류에게 이롭지 못하니, 이런 일은 일어나지 않는다. 하지만 방문자들은 스스로 인류의 구세주 역할을 할 것이고, 순진한 당신들을 이용할 것이다. 그들은 당신들의 기대를 충분히 활용하여, 당신들의 신뢰에서 최대한 이익을 보려 할 것이다.

그러므로 우리가 진심으로 바라는 바는 방문자들이 지구에 머물며 행하는 조종과 악용에 우리 말이 그 해결수단으로 활용되는 것이다. 왜냐하면 지금 당신들의 권리는 침해당하고 있고, 당신들의 영역은 침투되고 있으며, 당신들의 정부들은 설득당하고 있고, 당신들의 종교적 이념과 충동은 다른 방향으로 이끌리고 있기 때문이다.

이 일에 대해 진실의 목소리가 있어야 한다. 우리는 당신들이 이 진실의 목소리를 받아들일 수 있기를 믿는 수밖에 없으며, 그들의 설득이 너무 깊이 들어가지 않았기를 희망할 뿐이다.

◆

"인류가 자결권을 잃지 않고 살아남으려면, 현실적으로 우리가 정해야 할 목표는 무엇이며, 가장 중요한 것은 무엇인가?"

첫 단계는 인식이다. 지금 지구에 방문자가 있으며, 그 외계 세력들이 자신들의 의도와 활동을 인간이 이해하지 못하도록 숨기고자 은밀한 방식으로 지구에서 작업하고 있다는 것을 많은 사람이 인식해야 한다. 그들이 이곳에 있는 것은 인간의 자유와 자결권에 엄청난 도전이라는 것을 확실히 알아야 한다. 그들이 이곳에 있으면서 추진하는 의도와 후원하는 회유책에는 냉철함과 지혜로 대응해야 한다. 이 대응이 있어야 한다. 세상에는 지금 이것을 이해할 수 있는 사람이 많다. 그러므로 첫 단계는 인식이다.

다음 단계는 교육이다. 여러 문화, 여러 국가에서 많은 사람이 큰 공동체의 삶을 배우고, 앞으로 상대할 것이고 심지어 지금 당장 상대하고 있는 것을 점차 이해해나가는 것이 필요하다.

그러므로 현실적인 목표는 인식과 교육이다. 이것만으로도 지구에서 행하는 방문자들의 의도를 방해할 것이다. 그들은 지금 거의 아무 저항을 받지 않고 일하고 있으며, 거의 장애물을 접하지 않고 있다. 그들을 "인류의 동행자"로 보려는 사람들은 모두 그렇지 않다는 것을 알아야 한다. 어쩌면 우리 말이 충분하지는 않겠지만, 이것이 시작이다.

◆

"어디서 교육을 받을 수 있는가?"

교육은 큰 공동체 앎길에서 받을 수 있으며, 앎길은 지금 세상에 전달되고 있다. 이 교육은 우주의 삶과 영성에 대한 새로운 이해를 제시하지만, 당신들 세상에 이미 존재한 모든 참된 영성의 길, 인간의 자유와 참된 영성의 의미를 소중히 여기고 인간 가족에게 있는 협동·평화·화합을 소중히 여기는 모든 영성의 길과 연결되어 있다. 그러므로 앎길에서의 가르침은 세상에 이미 존재하는 모든 진리를 불러내어 그 진리에 표현의 더 큰 맥락과 무대를 제공한다. 이런 식으로 큰 공동체 앎길은 세상 종교를 대체하는 것이 아니라, 세상 종교가 이 시대에 정말 적절하고 의미를 가질 수 있도록 큰 맥락을 제시한다.

◆

"당신들의 메시지를 다른 사람들에게 어떻게 전달해야 하는가?"

진실은 이 순간에도 각자의 내면에서 산다. 당신이 다른 사람 내면에 있는 진실에 말할 수 있다면, 그 진실은 더 강해지고 공명하기 시작할 것이다. 우리의 큰 희망, 지구에 봉사하는 영적 세력인 불가시 존재들의 희망, 인간의 자유를 소중히 하고 인류의 큰 공동체 출현이 성공적으로 이루어지기를 보고자 하는 이들의 희망이 바로 모든 사람 내면에 사는 이 진실에 의지한다. 우리는 당신들에게 이 인식을 강제로 넣어줄 수는 없다. 우리가 할 수 있는 일은 오직 당신들에게 이 사실을 밝혀주고, 당신들이 응답할 수 있도록 창조주가 당신들에게 준 앎의 위대함을 믿는 수밖에 없다.

◆

"개입에 맞설 만한 인류의 힘은 어디에 있는가?"

먼저, 우리가 직접 지구를 관찰한 것을 통해, 또 우리가 볼 수 없는 것은 불가시 존재들에게서 들은 것을 통해, 큰 문제들이 지구에 있기는 하지만, 인류에게는 개입에 맞설 기반이 되는 자유가 충분히 있다는 것을 우리는 알고 있다. 이 점에서 개인의 자유라는 기반이 처음부터 전혀 없는 다른 많은 행성과는 사뭇 다르다. 자유의 기반이 없는 행성들이 외계 세력들을 만나고, 큰 공동체 삶의 현실을 접한다면, 자유와 독립을 이룩할 가능성이란 매우 낮다.

그러므로 당신들에게는 큰 강점이 있다. 지구에서는 인류가 자유를 알고 있으며, 전부는 아니더라도 많은 사람이 자유를 누리고 있다. 당신들은 무엇을 잃는지 안다. 당신들은 이룩한 것이 어느 정도이든, 이미 가진 것을 소중히 여긴다. 당신들은 외세에 지배받는 것을 원하지 않는다. 심지어 인간 정부에 지배받는다 하더라도 가혹한 것을 원하지 않는다. 그러므로 이것이 시작이다.

다음은, 지구에는 개인의 앎을 육성하고 인간의 협동과 이해를 키우는 종교가 풍부하므로, 앎의 실체가 이미 자리를 잡았다. 다시 말하지만, 앎의 기반이 자리잡지 못한 다른 행성들은 큰 공동체에 출현하는 전환점에서 앎의 기반을 잡기란 매우 어렵다. 지구에서는 상당수 사람의 내면에서 앎이 상당히 강하므로 그들이 큰 공동체 삶의 현실을 배울 수 있고, 지금 지구에서 일어나고 있는 것을 이해할 수 있다. 우리가 희망을 품는 것은 바로 이런 까닭이다. 왜냐하면 우리는 인간의 지혜를 믿기 때문이다. 우리는 사람들이 이기심·집착·자기방어를 뛰어넘어 더 넓게 삶을 바라보고, 같은 종족인 인류에게 봉사하는 데 큰 책임을 느낄 수 있다고 믿는다.

어쩌면 우리의 믿음에는 근거가 없을지도 모르지만, 불가시 존재들이 이 점에서 우리들에게 슬기롭게 조언해준 것을 우리는 믿고 있다. 그래서 우리가 이렇게 위험을 무릅쓰고 지구 가까운 곳에 머물면서, 지구 국경 밖에서 당신들의 미래와 운명에 직접 관련된 일들이 일어나고 있는 것들을 관찰하고 있다.

인류에게는 큰 가능성이 있다. 국가 간의 협조 부재, 자연환경 훼손, 자원감소 등과 같은 지구 문제들에 대한 인식이 당신들에게 커지고 있다. 이런 문제들을 사람들에게 알리지 않고, 이런 현실을 사람들에게 숨긴다면, 그래서 이러한 것이 있다는 것을 사람들이 모른다면,

그만큼 우리의 희망도 작아질 것이다. 하지만 인류는 여전히 지구에 어떤 개입이 있더라도 대응할 수 있는 잠재력과 가능성이 있다.

◆

"이 개입은 무력침공이 될 것인가?"

이미 말했듯이, 지구는 무력침공이 일어나기에는 너무나 소중하다. 지구를 방문하는 어느 누구도 지구 기반시설이나 천연자원이 파괴되는 것을 원하지 않는다. 그래서 방문자들은 인류를 파멸하고자 하기보다는, 인류가 그들 집단을 돕는 데 종사하게 하려고 한다.

당신들을 위협하는 것은 무력침공이 아니라, 유인과 설득에서 오는 영향력이다. 이 유인과 설득은 당신의 허약함, 이기심, 큰 공동체 삶에 대한 무지, 자신의 미래와 지구 밖 삶의 의미에 대한 맹목적인 낙관론에 기반을 둘 것이다.

이것에 대응하려고 우리는 교육하고, 지금 세상에 전달되고 있는 준비수단에 대해 이야기한다. 당신들이 아직 자유를 모르고, 지구 고유의 문제들을 알아차리지 못한다면, 우리는 당신들에게 그런 준비를 맡길 수 없을 것이고, 당신들이 아는 진실과 우리 말이 공명하리라 확신하지 못할 것이다.

◆

"당신들은 사람들에게 방문자들만큼 강력하면서도, 좋은 방향으로 영향을 줄 수 있는가?"

우리의 의도는 사람들에게 영향을 주는 것이 아니다. 우리의 의도는 다만 문제를 알려주고, 인류가 출현하고 있는 현실을 알려주는 것뿐이다. 불가시 존재들이 실질적인 준비 수단은 주고 있다. 그 수단은 모든 생명의 창조주에게서 온다. 여기에서 불가시 존재들이 사람들에

게 좋은 영향을 준다. 하지만 제한이 있다. 전에도 말했듯이, 강해져야
하는 것은 바로 당신들의 자결권이고, 커져야 하는 것은 당신들의 힘
이며, 받들어야 할 것은 바로 인간 가족 사이의 협동이다.

우리가 제공할 수 있는 도움에는 한계가 있다. 우리 그룹은 작고,
당신들과 함께 있지도 않다. 그러므로 새로운 현실에 대한 큰 이해는
사람들을 통해서 공유되어야 한다. 심지어 당신들에게 이로운 것이다
하더라도, 외세에 강요받아서는 안 된다. 그래서 만약 우리가 그런 설
득 프로그램을 후원한다면, 결과적으로 우리는 당신들의 자유와 자결
권을 후원하지 않는 꼴이 된다. 여기서 당신들은 어린애처럼 굴어서는
안 되며, 성숙하고 책임 있는 자세를 가져야 한다. 당신들의 자유가 위
태롭고, 지구가 위태롭다. 지금 필요한 것은 서로 간의 협동이다.

이제 당신들에게는 한 종족으로서 통합해야 하는 대의가 있다. 왜
냐하면 어느 누구도 다른 사람 없이 혼자서 이득을 얻지 못하며, 다른
나라가 외계인의 통제 하에 들어가면, 어느 나라도 이롭지 못할 것이
기 때문이다. 인간의 자유는 제대로 갖추어져야 하며, 지구 도처에서
서로 협동해야 한다. 왜냐하면 지금은 모두가 같은 처지에 놓여 있기
때문이다. 방문자들은 특정 그룹이나 민족, 나라를 선호하지 않는다.
그들은 지구에 거점을 확보하여 지구를 지배하는 데 저항을 가장 적게
받는 길을 찾을 뿐이다.

◆

"그들은 얼마나 폭넓게 침투하였는가?"

방문자들은 지구 안의 선진국에 상당히 많이 있으며, 특히 유럽,
러시아, 일본, 미국 등에 많이 있다. 이런 나라들이 가장 강한 힘과 영
향력을 발휘하는 강대국으로 여겨진다. 방문자들이 바로 이런 나라들
에 관심을 집중할 것이다. 하지만 그들은 세계 전역에서 사람들을 데
려가고 있다. 그래서 납치된 사람들이 그들의 영향력에 반응을 보이

면, 그 사람들에게 더욱더 회유책을 쓴다. 그러므로 방문자들은 세계 도처에 있지만, 그들에게 우군이 될 희망이 있는 사람들에게 집중하고 있다. 여기에 속한 이들은 국가와 정부, 그리고 종교 지도자들로서, 가장 강한 힘을 갖고 사람들의 생각과 신념을 좌지우지하는 이들이다.

◆

"우리에게 시간이 얼마나 있는가?"

얼마라고 말할 수는 없지만, 약간은 있다. 그런데 우리는 긴급한 메시지를 가지고 왔다. 이는 단순히 회피하거나 거부할 수 있는 그런 문제가 아니다. 우리 관점에서 보면, 이것은 인류에게 닥칠 가장 중요한 도전이며, 최우선으로 다루어야 할 최대 관심사이다. 당신들은 준비가 늦었다. 여기에는 우리가 어찌할 수 없는 많은 요인이 있었다. 하지만 당신들이 응답한다면, 시간은 있다. 결과는 불확실하지만, 여전히 성공 가능성이 있다.

◆

"현재 일어나고 있는 다른 지구적인 문제도 대단히 많은데, 우리가
이 개입 문제에만 어떻게 집중할 수 있겠는가?"

무엇보다 먼저, 우리는 지구에서 이것만큼 중요한 다른 문제는 없다고 생각한다. 우리 관점에서 볼 때, 당신들이 자유를 잃어버리면, 당신들 스스로 어떤 것을 해결할 수 있다 하더라도, 미래에 거의 의미가 없을 것이다. 큰 공동체에서 자유가 없다면, 당신들이 어떤 것을 얻기를 기대할 수 있고, 어떤 것을 이루거나 지키기를 기대할 수 있겠는가? 당신들이 이룬 것은 모두 새로운 지배자의 것이 될 것이고, 당신들이 이룬 부는 모두 새 지배자에게 바쳐야 할 것이다. 설혹 방문자들이 잔혹하지는 않다 하더라도, 그들은 그들이 하고자 하는 일에만 전념할 것이다. 당신들은 오직 그들이 하려는 일에 도움이 될 때까지만 가치가 있다. 그래서 우리는 인류에게 닥칠 다른 문제 중, 이것만큼 중요한 것은 없다고 여긴다.

◆

"이 상황에 응답할 만한 사람들이 누구인가?"

응답할 수 있는 사람에 관해 말하자면, 큰 공동체를 천부적으로 알며 여기에 민감한 사람이 요즈음 세상에 많다. 또한 방문자들에게 이미 붙잡혀간 적이 있지만, 그들에게 굴복하거나 그들의 설득에 넘어가지 않은 사람도 많다. 그리고 지구 미래를 염려하는 사람, 인류가 직면한 위험에 주의를 기울이는 사람도 많다. 여기 세 범주에 든 사람이 큰 공동체 현실과 큰 공동체 준비에 가장 먼저 응답할 수 있을 것이다. 이런 사람은 어느 사회 분야, 어느 국가, 어느 경제 단체에서도 나올 수 있으며, 어떤 종교적 배경에서도 나올 수 있다. 이들은 말 그대로 세계 도처에 있다. 인간의 안녕을 지키고 감독하는 큰 영적 힘이 의존하는 것은 바로 이들이며, 이들의 응답이다.

◆

"세계 도처에서 사람들이 붙잡혀 간다고 했는데, 이런 유괴가 일어나지 않도록 사람들이 자신이나 다른 사람들을 어떻게 보호할 수 있는가?"

당신이 앞으로 더 강해지면 강해질수록, 또 방문자들이 있다는 것을 더 깊이 자각하면 할수록, 당신은 방문자들이 연구하고 조종할 바람직한 대상에서 점점 더 멀어진다. 당신이 그들을 더 깊이 이해하고자 그들과의 만남을 이용하려고 하면 할수록, 점점 더 위험에 빠지게 된다. 전에 말했듯이 그들은 저항이 가장 적은 길을 찾는다. 그들은 고

분고분하고 복종하는 사람을 원하며, 말썽을 부릴까 염려하지 않아도 되는 사람을 원한다.

그런데 당신이 앎으로 강해지게 되면, 그들이 당신 마음이나 가슴을 이제 간파할 수 없으므로, 당신은 그들 통제 밖에 있을 것이다. 그리고 시간이 지나면서, 당신은 그들이 바라지 않는, 그들 마음을 볼 수 있는 인식력을 갖게 될 것이다. 그러면 당신은 그들에게 위험인물이 되고, 도전이 되며, 가능하면 피하고 싶은 존재가 될 것이다.

방문자들은 폭로되는 것을 원하지 않으며, 갈등을 바라지 않는다. 그들은 인간 가족의 별다른 저항 없이 그들 목표를 이룰 수 있다고 아주 확신한다. 하지만 일단 저항이 형성되고, 앎의 힘이 개인한테서 깨어나면, 방문자들은 훨씬 더 엄청난 저항에 직면할 것이다. 이때 그들의 개입이 방해를 받게 되고, 점점 더 어려워진다. 그리고 권력층에 있는 이들을 설득하기가 훨씬 더 어려워진다. 그러므로 여기에서 필수적인 것은 개개인들이 진리에 응답하고 헌신하는 것이다.

방문자들이 있다는 것을 인식하라. 그들이 지구에 영적인 목적으로 있으며, 인류에게 큰 혜택과 구원을 담고 있다는 설득에 넘어가지 말라. 그 설득에 맞서라. 당신 자신의 내적 권한, 창조주가 당신에게 준 위대한 선물을 되찾으라. 당신의 기본권을 침해하고 부인하는 이들에게 무시할 수 없는 세력이 되라.

이것이 표현되는 영적 힘이다. 인류가 자체 통합하여 큰 공동체에 출현하고, 외세의 개입이나 지배에서 자유로운 것이 창조주의 뜻이다. 인류가 과거와는 다른 미래에 대비하는 것이 창조주의 뜻이다. 우리는 창조주에 봉사하기 위해 여기 와 있으며, 그래서 우리가 이곳에 있으면서 말을 전하는 것은 이 목적에 봉사한다.

◆

"인류 전체나 특정 사람들에게서 저항을 받으면, 방문자들은 더 많이 오는가, 아니면 떠나는가?"

그들의 수는 많지 않다. 저항이 거세지면, 그들은 후퇴하여 계획을 새로 세울 것이다. 그들은 별다른 장애 없이 임무를 완수할 수 있다고 전적으로 믿는다. 하지만 저항이 크면, 그들의 개입과 설득은 방해를 받을 것이고, 그들은 인류와 접촉할 다른 방법을 찾아야 할 것이다.

우리는 인간 가족이 그들의 영향력을 상쇄하기 위해 충분한 저항과 여론을 형성할 수 있다고 믿는다. 우리의 희망과 노력은 바로 여기에 기반을 둔다.

◆

"외계인 침투 문제를 다루는데, 우리 자신이나 다른 사람들에게 물어야 할 가장 중요한 질문은 무엇인가?"

자신에게 물어야 할 가장 중요한 질문은 아마, "전 우주에, 또 지구 안에 인간만 있는가? 지금 지구에 방문자들이 있는가? 이 방문이 우리에게 이로운가? 우리는 이 방문에 대비해야 하는가?" 등이 될 것이다.

매우 기본적인 질문들이지만 꼭 물어야 할 것들이다. 하지만 답할 수 없는 질문들이 많다. 왜냐하면 당신들은 큰 공동체 삶에 대해 잘 모르며, 이 영향력을 상쇄할 능력이 자신에게 있는지 아직 확신하지 못하기 때문이다. 인간의 교육은 주로 과거에 초점이 맞추어져 있으므로 부족한 것이 많다. 인류는 오랫동안 상대적인 고립상태에 있었으므로, 그 상태에서 교육·가치관·제도가 모두 자리잡았다. 하지만 이제 이 고립상태는 영원히 끝났다. 이 일은 처음부터 일어나도록 되어 있었으며, 피할 수 없는 일이었다. 그러므로 당신들의 교육과 가치관은 새로운 맥락으로 들어가고 있으며, 이제 거기에 적응해야 한다. 그리고 현재 지구에서 일어나는 개입의 특성으로 봐서, 이 적응은 빠르게 이루어져야 한다.

당신들이 답할 수 없는 질문이 많을 것이다. 당신들은 그 질문들과 함께 살아가야 할 것이다. 큰 공동체 교육은 이제 시작에 불과하다. 당신들은 대단히 맑은 정신과 세심한 주의로 접근해야 한다. 또한 상황을 기분 좋고 안심되는 것으로 보려 하는 당신들의 경향을 경계해야 한다. 당신들은 삶에 객관성을 길러야 하며, 당신들의 세계와 미래 모습을 그려나가는 큰 세력들과 큰 사건에 대응할 수 있도록 자신의 개인적 관심 영역 너머를 보아야 한다.

◆

"응답하는 사람이 충분하지 않으면 어찌 되는가?"

인간 가족에 가능성과 희망을 줄 수 있도록, 제법 많은 사람이 응답하여, 큰 공동체 삶에 관한 큰 교육이 시작될 수 있다고 우리는 믿는다. 만약 이것을 이룰 수 없으면, 자유를 소중히 여기는 사람들과 이 교육을 받은 사람들은 후퇴해야 할 것이다. 세상이 완전히 방문자들의 통제 상태로 떨어지면, 그들은 세상에 앎이 유지되도록 지켜야 할 것이다. 이것은 매우 암울한 대안이지만, 다른 행성들에서 많이 일어났다. 그 상태에서 다시 자유를 찾아가는 길은 참으로 험난하다. 우리는 당신들의 운명이 이렇게 되지 않기를 바라며, 그래서 우리가 지금 당신들에게 이 정보를 주는 것이다. 이미 말한 것처럼, 방문자들의 의도를 견제하고 인간의 문제나 가치관에 끼치는 영향을 차단할 수 있도록 응답할 수 있는 사람이 세상에 상당히 많다.

◆

"큰 공동체에 출현하는 다른 행성들 이야기를 해주었는데, 우리 상황과 비슷한 성공 사례와 실패 사례를 말해줄 수 있는가?"

성공은 있다. 그렇지 않다면 우리도 이 자리에 있지 못할 것이다. 우리 그룹의 대변자인 나의 경우, 우리 행성은 상황을 깨닫기도 전에 방문자들이 이미 깊숙이 침투하였다. 교육은 우리와 같은 그룹이 도착하여 우리 상황에 대한 통찰과 정보를 알려주면서 시작되었다. 우리 행성에서는 우리 정부와 교류하는 외계인 무역업자가 있었다. 그 당시 권력층은 외계인과의 상업·무역이 우리에게 이로울 것이라는 말에 넘어갔다. 왜냐하면 우리는 자원이 고갈되는 것을 느끼기 시작했기 때문이다. 당신들과는 달리 우리 종족은 통합되어 있었지만, 그들이 준 새 기술과 기회에 완전히 의존하기 시작했다. 게다가 이런 일이 일어나는 와중에 권력의 중심에 이동이 있었다. 우리는 의존하는 수급자가 되어가고, 방문자들은 공급자가 되어갔다. 시간이 지나면서, 조건과 제약이 가해졌으며, 처음에는 아주 교묘하였다.

우리의 종교적 초점과 믿음도 방문자들에게 영향을 받았는데, 그들은 우리의 영적 가치관에 관심을 보였지만, 우리에게 새로운 이해, 즉 집단에 바탕을 두고 서로 일치하여 같은 생각을 하는 마음의 협동에 바탕을 둔 이해를 심어주고자 했다. 이것이 영성의 표현이고 성취라고 우리 종족에게 알려주었다. 일부는 설득에 넘어갔지만, 지금 우리와 같은, 다른 행성에서 온 동행자들에게 조언을 듣고, 우리는 저항운동을 시작했으며 시간이 지나면서 방문자들을 행성 밖으로 몰아낼 수 있었다.

그 이후로 우리는 큰 공동체를 많이 알게 되었다. 무역은 오직 몇 나라와만 선별하여 한다. 우리는 집단들을 피할 수 있었고, 그럼으로써 우리의 자유를 보존하였다. 하지만 우리는 어렵게 성공하였다. 왜냐하면 이 싸움에서 많은 이가 죽어야 했기 때문이다. 성공담이기는 하지만, 대가 없이 이룬 것이 아니다. 우리 그룹에는 큰 공동체 개입 세력과의 교류에서 비슷한 어려움을 겪은 다른 이들도 있다. 어쨌든 우리는 결국 우리의 행성 밖으로 여행하는 법을 배웠으므로 서로 연합을 결성하였다. 우리는 큰 공동체에서 영성이 무엇을 뜻하는지 배울 수 있었다. 우리의 행성에도 봉사하는 불가시 존재들이 우리가 고립에서 큰 공동체를 인식하는 것으로 크게 전환할 수 있도록 도와주었다.

하지만 우리가 알기로 여전히 실패가 많았다. 원주민이 개인의 자유를 이룩하지 않았거나, 협동의 결실을 맛보지 못한 경우, 그런 문화에서는 아무리 기술이 진보하였다 하더라도, 우주에서 독립국으로 설 기반이 없었다. 그들이 집단에 저항할 수 있는 능력은 매우 제한되었다. 훨씬 큰 권력, 기술, 부를 준다고 약속한 것에 설득되고, 이로울 것처럼 보이는 큰 공동체 교역에 끌리어, 권력의 중심을 잃고 말았다. 결국 그들은 공급자에게 의존하고, 그들의 자원과 기반시설을 장악한 이들에게 의존하게 되었다.

물론 당신도 어떻게 해서 이런 일이 일어나는지 상상할 수 있다. 지구 역사만 보더라도, 작은 나라가 큰 나라 지배하에 들어가는 일이 많았다. 이런 것은 지금도 볼 수 있다. 그러므로 이런 개념은 전혀 낯선 것이 아니다. 지구와 마찬가지로 큰 공동체에서도 강자가 할 수만 있다면 약자를 지배한다. 어디서든 이것이 삶의 현실이다. 이런 이유로, 당신들이 강해지고 자결권이 커질 수 있도록, 우리가 당신들의 인식과 준비를 독려하고 있는 것이다.

우주에 자유가 이렇게 귀하다는 것을 이해하고 나면, 많은 사람이 크게 실망할지도 모르겠다. 하지만 국가가 강해지고 기술이 진보하면, 국민에게 더욱더 획일성과 순종을 요구한다. 그 국가가 큰 공동체로 뻗어나가 큰 공동체 일들과 관련을 맺게 되면, 개인적 표현의 허용 범위는 부와 권력을 가진 대국들이 엄격함과 혹독한 태도로 통치되는 수준까지 축소된다. 당신이 그것을 보면, 혐오감이 느껴질 것이다.

여기서 당신은 기술 진보와 영적 진보가 다르다는 것을 알아야 한다. 이 교육은 인류가 아직 배우지 않은 것이며, 당신이 이 부분에서 타고난 지혜를 활용하려면, 꼭 배워야 한다.

지구는 매우 가치 있으며, 생물 자원이 풍부하다. 관리자이자 수혜자가 되려면, 꼭 지켜야 하는 소중한 보물 위에, 당신들이 앉아 있는 셈이다. 지구인 가운데, 남들이 매우 가치 있게 여기는 곳에 산다는 이유로 자유를 잃어버린 사람들을 생각해보라. 이제는 그런 위험에 처해 있는 것이 바로 인간 가족 전체이다.

◆

"방문자들이 생각을 투사하고, 사람들의 정신환경에 영향을 주는 데 그처럼 뛰어나다면, 지금 우리 눈에 보이는 것이 진짜라고 우리가 어떻게 확신할 수 있는가?"

현명하게 인식하는 유일한 기반은 앎의 배양이다. 당신이 보는 것만 믿는다면, 오로지 당신에게 보인 것만 믿을 것이다. 이런 관점을 가진 사람이 많다고 우리는 들었다. 하지만 어디서나 현자들에게는 뛰어난 통찰력과 분별력이 있어야 한다고 우리는 배웠다. 방문자들이 성자나 종교적 인물의 상을 투사할 수 있는 것은 사실이다. 이런 일이 자주 실행되지는 않지만, 이미 그런 믿음에 빠진 사람들의 헌신을 부추기려고, 이런 일이 당연히 이용될 수 있다. 이때 당신의 영성은 취약한 영역이 되므로, 지혜가 있어야 한다.

창조주는 참된 분별을 위한 기반인 앎을 당신에게 주었다. 그래서 당신이 보고 있는 것이 진실인지 자신에게 물어보면, 당신은 알 수 있다. 물론 이처럼 알 수 있으려면, 당신에게 이 기반이 있어야 한다. 그래서 앎길의 가르침이 큰 공동체 영성을 배우는데 그처럼 중요하다. 이 가르침이 없다면, 사람들은 믿고 싶은 것을 믿고, 보는 것과 보이는 것에만 의존할 것이다. 그러면 자유를 얻을 가능성은 이미 상실한 것이 되고 말 것이다. 왜냐하면 자유가 자랄 수 있도록 처음부터 용납되지 않았기 때문이다.

◆

"당신은 앎을 유지하는 것을 말했다. 앎이 세상에 유지되려면, 얼마나 많은 사람이 필요한가?"

숫자로는 말할 수 없지만, 당신들 문화에서 목소리를 낼 만큼 충분히 많아야 한다. 이 메시지를 겨우 몇 사람만 받아들인다면, 이런 목소리나 이런 힘을 갖지 못할 것이다. 이 메시지를 받아들인 사람들은 자신의 지혜를 공유해야 한다. 그들의 지혜가 순전히 인격 함양에만 쓰이지 않도록 해야 한다. 이 메시지를 지금보다 더 많은 사람이 알아야 한다.

◆

"이 메시지를 알리는 데 위험이 있는가?"

지구뿐만 아니라, 다른 어디에서도 진실을 알리는 데는 항상 위험이 있다. 사람들은 현재 자신의 상황에서 이득을 취한다. 방문자들은 자신들을 받아들일 수 있으면서 앎으로 강하지 않은, 그런 권력자들에게 이권을 제공한다. 사람들은 이런 이권에 익숙하며, 그런 이점 위에 자신의 삶을 구축한다. 그래서 그들은 진실이 드러나는 것에 저항하고, 심지어 적대감을 보인다. 왜냐하면 진실은 그들에게 남을 위해 봉사할 책임을 요구하며, 그들이 쌓은 부와 업적의 기반을 위협할 수도 있기 때문이다.

그래서 우리는 숨어 있으며, 지구에 가지 않는다. 방문자들이 우리를 찾게 되면, 분명히 해칠 것이다. 그런데 사람들도 우리가 알려주고 보여준 도전과 새로운 현실 때문에 우리를 해칠지 모른다. 진실은 절실히 필요하지만, 모두가 받아들일 준비가 된 것은 아니다.

◆

"앎으로 강한 사람은 방문자들에게 영향을 줄 수 있는가?"

성공 가능성이 희박하다. 당신은 순종하도록 사육된 이들의 집단, 자신의 삶과 체험이 집단사고에 둘러싸여 생성되는 이들의 집단을 상대하고 있다. 그들은 혼자 생각할 수 없다. 그래서 우리는 당신들이 그들에게 영향을 줄 수 없다고 본다. 인간 가족 중에 이런 영향을 줄 만한 힘을 가진 사람이 거의 없으며, 심지어 그런 힘이 있는 사람마저도 성공 가능성이 희박하다. 그래서 '없다'가 그 대답이다. 당신은 사실상 그들을 이겨낼 수 없다.

◆

"집단은 통합된 인류와 어떻게 다른가?"

집단들은 여러 종족과 그 종족에 봉사하도록 사육된 이들로 구성된다. 지구에서 접할 수 있는 외계인 대부분은 집단에 의해 종이 되도록 사육되었다. 그들은 자신의 유전적 유산을 오래 전에 상실하였다. 당신을 위해 일하도록 당신이 가축을 사육하는 것처럼, 그들도 그런 식으로 일하도록 사육되었다. 우리가 권장하는 인간 협동은 개개인의 자결권을 보전하여 인류가 힘 있는 위치에 설 수 있는 협동이다. 그래서 인류가 집단뿐만 아니라 미래에 지구를 방문할 이들과도 교류할 수 있는 힘을 갖게 하는 것이다.

집단은 하나의 믿음, 하나의 원칙, 하나의 권위에 바탕을 둔다. 집단은 하나의 사상과 하나의 이념에 완전히 충성하는 것에 역점을 둔다. 이것은 방문자들의 교육에서 생성될 뿐만 아니라, 유전암호에서도 생성된다. 그래서 그들이 지금처럼 행동한다. 이것은 그들에게 강점이 자 약점이다. 그들은 마음이 통합되어 있으므로 정신환경에서 매우 강하지만, 혼자서 생각할 수 없으므로 약하다. 그들은 복잡한 것이나 역경을 요령 있게 처리할 수 없다. 그들은 앎으로 강한 이들을 이해할 수 없다.

인류는 자유를 지키기 위해 통합해야 하지만, 집단이 만든 통합과는 다르다. 우리는 그들을 "집단"이라고 부르는데, 그것은 종족과 국적이 다른 이들의 집단이기 때문이다. 집단은 한 종족이 아니다. 큰 공동체에는 한 권력자의 지휘권에 지배받는 종족들도 많지만, 집단은 한 행성의 한 종족에 충성하는 것 이상으로 확장된 조직이다.

집단들은 큰 힘을 가질 수 있다. 하지만 큰 공동체에는 여러 집단이 있으므로, 서로 경쟁하는 경향이 있어 어느 한 집단이 지배적인 위치를 차지하지 못한다. 또한 큰 공동체에는 여러 국가 사이에 서로 해묵은 분쟁이 있어서 서로 교류하기가 어렵다. 어쩌면 같은 자원을 놓고 서로 오랫동안 경쟁했거나, 그들이 가진 자원을 판매하는 일로 서로 오래 경쟁했을 것이다. 하지만 집단은 문제가 다르다. 조금 전 말한 것처럼 집단은 한 종족이나 한 행성에만 기반을 두지 않는다. 집단들은 정복과 지배의 결과로 생겼다. 그래서 지구 방문자들은 권한과 지휘권이 각기 다른 수준에 있는 여러 종족으로 구성되어 있다.

◆

"통합에 성공한 다른 행성들에서는 개인적 사고의 자유가 계속 유지되었는가?"

매우 다양한 수준에서 유지되고 있다. 그들의 역사, 심리구조, 생존에 대한 욕구에 따라 어떤 곳은 매우 높은 수준에서, 어떤 곳은 좀 낮은 수준에서 유지되고 있다. 지구에서 당신들의 삶은 다른 종족들이 발전해온 것에 비하면, 상대적으로 편하게 생활했다. 지적 생명체가 존재하는 대부분의 곳은 이주하여 정착한 곳이다. 왜냐하면 생물 자원을 풍부하게 공급해주는 지구와 같은 행성이 많지 않기 때문이다. 많은 부분에서 자유는 풍족한 환경에 달려있다. 그래도 어쨌든 그들은 외계 세력의 침투를 막는데 성공했고, 자결권을 기반으로 무역·상업·교류에서 독자노선을 구축하였다. 이런 성취는 귀하며 꼭 이루고 지켜야 한다.

◆

"인간이 통합하려면 어떻게 해야 하는가?"

인류는 큰 공동체에서 매우 취약하다. 이 취약성이 때가 되면, 인간 가족 사이에 기본적인 협동을 조성할 수 있다. 왜냐하면 당신들은 큰 공동체에서 생존하고 전진하기 위해, 결합하고 통합해야 하기 때문이다. 이것은 큰 공동체에 대한 인식을 갖는 일환이다. 만약 큰 공동체에 대한 인식이 공헌·자유·자기표현의 원칙에 기반을 둔다면, 당신들의 자급자족은 대단히 튼튼해질 수 있다. 하지만 먼저 지구에 큰 협동이 있어야 한다. 사람들이 독자적으로 살아서는 안 되며, 다른 사람들의 어려움을 무시하고 개인의 목표를 설정해서는 안 된다. 어떤 사람은 이것을 자유가 없는 것으로 보겠지만, 우리는 미래에 자유를 보장하는 것으로 본다. 요즈음 세상에 만연된 분위기를 보면, 미래에 당신들의 자유가 확립되어 유지되기는 어려울 것이다. 주의해야 한다. 이기심에 빠져있는 사람은 외부세력의 영향과 조종에 최상의 후보들이다. 그들이 권력층에 있으면, 혼자서 이득을 보려고 국가 재산, 국민의 자유, 국가 자원을 넘겨줄 것이다.

그러므로 큰 협동이 필요하다. 협동이 필요하다는 것은 지구 안에서도 명백하므로, 당신도 확실히 알 수 있다. 하지만 이 협동은 집단의 삶과는 다르다. 집단의 삶에서는 종족들이 지배받고 조종당하며, 순종하는 자는 집단에 유입되고, 그렇지 않는 자는 따돌림 당하거나 제거

된다. 이런 조직은 영향력은 클지 몰라도, 결코 그 구성원에게 이로울
리가 없다. 그럼에도 이것이 큰 공동체의 대다수가 취하는 길이다. 우
리는 인류가 그런 조직 속에 떨어지는 것을 바라지 않는다. 그것은 엄
청난 비극이고 손실이 될 것이다.

◆

"당신들의 관점과 인간의 관점은 어떻게 다른가?"

차이점 중 하나는, 우리는 세상을 바라보는 데, 자기중심에서 좀
더 벗어난 방식인 큰 공동체 관점을 키웠다. 이런 관점으로 보면, 당신
이 일상생활에서 겪는 작은 문제에서도 훨씬 더 명료하고 확실하게 볼
수 있다. 큰 문제를 풀 수 있으면, 작은 문제도 풀 수 있다. 당신에게는
큰 문제가 있다. 지구에 사는 모든 인간은 이 큰 문제에 직면해있다.
이 큰 문제로 인해 인류는 통합할 수 있고, 해묵은 분쟁과 갈등을 극복
할 수 있다. 그래서 이 문제가 그렇게 대단하고 강력하다. 그래서 우리
가 당신들의 안녕과 미래를 위협하는 바로 그 상황에 구원의 가능성이
있다고 말하는 것이다.

우리는 개개인의 내면에 있는 앎의 힘이 각자 자신과 자신의 모든
관계들을 더 높은 수준의 성취·인식·능력에 이르도록 회복시킬 수 있
다는 것을 안다. 당신은 이것을 스스로 찾아야 한다.

우리 삶은 매우 다르다. 차이점 중 하나는, 우리는 우리 스스로 선
택한 봉사에 우리 삶을 바친다. 우리는 선택할 자유가 있으므로, 우리
선택은 진짜이고 의미가 있으며, 우리 자신의 이해에 바탕을 둔다. 우
리 그룹은 서로 다른 몇 개의 행성에서 온 대표들로 구성되어 있다. 우
리는 인류에게 봉사하기 위해 함께 여기 왔으며, 영적 특성을 가진 큰
연합체를 대표한다.

◆

**"이 메시지는 한 사람을 통해서 오고 있다. 이 메시지가 그렇게 중요
하면, 당신들은 왜 많은 사람과 접촉하지 않는가?"**

이것은 단순히 효율성 문제이다. 우리는 우리를 받아들이도록 선
택된 이를 관리하지 않는다. 이 부분은 당신들이 "천사"라고 부르는
불가시 존재들의 문제이다. 우리는 그들을 이런 식으로 부른다. 불가
시 존재들이 이 사람을 선택했다. 이 사람은 세상에서 아무런 지위도
없고 세상이 알아주지도 않지만, 그의 자질 때문에 선택받았고, 큰 공
동체에서 그의 계보 때문에 선택받은 사람이다. 우리는 한 사람을 통
해서 말할 수 있다는 것이 기쁘다. 우리가 여러 사람을 통해서 말한다
면, 어쩌면 그들 사이에 서로 맞지 않는 일이 생길지 모르고, 그래서
이 메시지에 혼란이 생길지도 모른다.

영적 지혜는 보통 한 사람을 통해서 전달되고, 다른 사람들이 그
사람을 돕는다. 우리도 학생 입장에서 그렇게 알고 있다. 선택받은 사
람은 선택받은 것에 대한 책임·부담·위험을 떠안아야 한다. 우리는 이
일을 하는 그를 존경하며, 이 일이 얼마나 큰 부담인지 안다. 이 일은
어쩌면 오해받을 수도 있다. 그래서 현자는 드러내지 말고 지내야 한
다. 우리도 드러내지 말고 지내야 하고, 그도 드러내지 말고 지내야 한
다. 이런 식으로 해서 메시지가 전달될 수 있고, 메신저가 보호받을 수
있다. 왜냐하면 이 메시지에 악의를 품는 자가 있을 것이기 때문이다.
방문자들이 방해할 것이고, 이미 방해하고 있다. 그들의 방해는 상당
할 것이며 주로 메신저를 목표로 삼을 것이다. 이런 이유로 메신저는
보호되어야 한다.

이 질문들에 대한 대답이 더 많은 질문을 낳게 될 것을 우리는 안
다. 그 많은 질문을 우리는 한참 동안 답할 수 없을지 모른다. 어디서
나 현자는 자신이 아직 답할 수 없는 질문을 갖고 살아야 한다. 진정한

답이 모습을 드러내고, 현자가 그 답을 체험하고 구현하게 하는 것은
바로 그들의 끈기와 인내이다.

인류는 새로운 시작점에 있으며, 심각한 상황에 직면해 있다. 새로운 교육과 이해의 필요성이 무엇보다도 절실하다. 그래서 우리가 불가시 존재들의 요청으로 이 필요성에 부응하기 위해 여기 왔다. 우리도 당신들처럼 물질 우주에서 살고 있으므로, 불가시 존재들은 우리 지혜를 공유하는 일에 우리를 믿고 있다. 우리는 천사가 아니며, 완전하지 않다. 또한 대단히 높은 영적 자각과 성취에 이르지도 않았다. 그래서 큰 공동체에 관해 당신들에게 주는 우리 메시지가 더 의미 있고, 더 쉽게 받아들일 수 있을 것이라고 우리는 믿는다. 불가시 존재들은 우주의 삶에 대해서는 물론, 많은 곳에서 접할 수 있고 실행되고 있는 진보와 성취의 수준들에 대해서도 우리보다 훨씬 더 많이 안다. 그런데도 우리가 온전히 물질계 삶 속에 있으므로, 물질적 삶의 현실에 관해 우리에게 물었다. 그리고 우리는 당신들과 지금 공유하고 있는 것의 중요성과 의미를 시행착오를 통해 배웠다.

이리하여 우리는 인류의 동행자로서 여기 왔다. 왜냐하면 실제 우리는 인류의 동행자이기 때문이다. 당신들을 돕고 교육할 수 있는 동행자들, 당신들의 힘·자유·성취를 후원할 수 있는 동행자들이 있다는 것에 감사하라. 이런 도움이 없다면, 지금 겪고 있는 외계인 침투 같은 것에서 당신들은 살아남을 가능성이 매우 희박할 것이다. 물론 실제 일어나는 상황을 사실

그대로 알아차리는 사람이 약간은 있겠지만, 그 수는 충분하지 않을
것이고, 그들 소리는 들리지 않을 것이다.

　이 점에서, 우리는 당신들이 우리를 신뢰해 주기만 바랄 수밖에
없다. 우리 말 속에 담긴 지혜를 통해, 또 당신들이 우리 말에 담긴 의
미와 타당성을 배우는 기회를 통해, 시간이 흐르면서 우리는 이 신뢰
를 얻을 수 있기를 희망한다. 당신들에게는 큰 공동체에 동행자들이
있으며, 당신들이 지금 직면하고 있는 이 도전을 똑같이 겪고서 거기
에서 성공한 위대한 친구들이 있다. 우리는 도움을 받았으므로, 지금
은 다른 이들을 도와야 한다. 그것이 바로 신성한 계약이다. 우리가 굳
게 헌신하는 것이 바로 이 계약이다.

해 결 책

◆

개입에서
해결책의 핵심은
과학기술, 정치, 군사력이 아니다.

개입을 해결하려면,

인간 정신을 회복해야 한다.

사람들이 개입을 알아차려 공개적으로 반대해야 한다.

사람들이 보고 아는 것을 표현하지 못하도록

고립시키거나 조롱하는 것을 멈추어야 한다.

두려움, 회피, 환상, 속임수를 극복해야 한다.

사람들이 강해지고 알아차리며 자율권을 가져야 한다.

인류의 동행자들은 우리에게 대단히 중요한 조언을 제공하여 우리가 개입을 알아차리고 그 영향을 상쇄할 수 있도록 하고 있다. 우리가 이렇게 할 수 있도록, 동행자들은 우리에게 우리의 타고난 지성과 권리를 연마하여 큰 공동체에서 자유 종족으로서의 우리 운명을 실현하기를 촉구한다.

이제 그 때가 되었다.

세상에는 새로운 희망이 있다

세상의 희망은 앎으로 강해지는 사람들에 의해 다시 피어난다. 희망은 점점 사그라질 수도 있고, 그러다가 다시 피어날 수도 있다. 사람들이 어느 쪽으로 기우느냐, 자신을 위해 무엇을 선택하느냐에 따라 희망은 왔다 갔다 하는 것처럼 보일 수 있다. 희망은 당신에게 달려있다. 불가시 존재들이 여기 있다고 해서 희망이 있는 것이 아니다. 당신이 없다면, 어떤 희망도 없을 것이다. 왜냐하면 당신이나 당신 같은 사람들이 세상에 새로운 희망을 가져올 것이기 때문이다. 그것은 당신들이 앎을 선물로 받아들이는 법을 배우고 있기 때문이다. 이것이 세상에 새로운 희망을 가져온다. 어쩌면 지금은 이것을 온전히 볼 수 없을지도 모르고, 이것이 전혀 이해할 수 없는 말로 들릴지도 모른다. 하지만 폭넓게 바라보면, 이 말은 참으로 진실이며, 참으로 중요하다.

지구의 큰 공동체 출현이 이 점을 말해준다. 왜냐하면 아무도 큰 공동체를 대비하지 않는다면, 희망은 사라지는 것처럼 보일 것이고, 인류의 운명은 그 미래가 너무나도 분명해 보일 것이기 때문이다. 그러나 세상에 희망이 있고, 큰 부름에 응답하는 당신이나 당신 같은 사람들에게 희망이 있으므로 인류의 운명은 장래성이 밝으며, 인류의 자유는 당연히 보장될 수 있다.

◆

앎으로 가는 계단- 계속과정에서

저항

&

자율권

◆

저항과 자율권

접촉 윤리

♦

기회가 있을 때마다, 동행자들은 오늘날 지구에서 일어나는 외계인의 개입을 알아차리고 맞서는데, 적극적인 역할을 취하라고 우리에게 권장한다. 적극적인 이 역할에는 지구 원주민으로서 우리의 권리와 우선순위를 아는 일, 또 현재는 물론 미래에 일어나는 외계 종족들과의 모든 접촉에 관한 접촉규칙을 우리 스스로 제정하는 일이 포함된다.

자연계를 바라보고 인류 역사를 폭넓게 되돌아보면, 우리가 얻을 수 있는 개입의 교훈은 다음과 같다. 첫째, 자원 경쟁은 빠질 수 없는 자연 현상의 한 부분이다. 둘째, 한 문화가 다른 문화에 개입하는 데는 언제나 개입자의 사리사욕이 따르며, 발견된 민족의 자유와 문화는 파괴적인 충격을 받는다. 셋째, 강자는 할 수만 있다면, 항상 약자를 지배한다.

지구를 방문하는 외계 종족들은 이 법칙에서 예외가 될 수도 있다고 생각할 수 있겠지만, 예외가 되려면, 인류에게 방문요청을 심사할 수 있는 권리를 주어 일말의 의심도 없이 입증될 수 있도록 해야 할 것이다. 그런데 이런 일은 결코 없었다. 그러기는커녕 지금까지 접촉한 사람들의 체험으로 보면, 지구의 원주민으로써 우리는 우리의 권한과 소유권을 교묘하게 침해당했다. 방문자들은 인류가 승인하거나 정보에 근거하여 참여하도록 하지 않고, 자기들 계획을 밀고 나갔다.

동행자의 상황보고와 UFO/ET에 관한 많은 연구조사, 이 둘 모두에서 분명히 보여주듯이, 윤리적 접촉은 일어나지 않고 있다. 동행자들이 하는 것처럼, 외부 종족이 멀리서 자신의 체험과 지혜를 우리와 공유하는 것은 적절하지만, 초대받지도 않은 채 찾아와서 인간 문제에 간섭하고 심지어 우리를 돕는 척 꾸미는 것은 적절하지 않다. 현재 인류의 성장 단계가 아직 신흥 종족이라는 점을 감안하면, 이렇게 하는 것은 윤리에 어긋난다.

인류는 스스로 접촉규칙을 제정할 기회도 없었고, 모든 원주민이 자신의 안전과 안보를 위해 설정해야 하는 국경을 정할 기회도 없었다. 접촉규칙과 국경을 정하는 것은 인류의 통합과 협동을 증진하는 데 도움이 될 것이다. 왜냐하면 이 일을 해내기 위해서는 서로 힘을 합쳐야 하기 때문이다. 이런 조치를 취하려면, 우리는 하나의 행성을 함께 쓰는 한 국민이고, 우주에 우리만 있는 것이 아니며, 우주공간에 우리의 경계를 정하고 지켜야 한다는 의식을 가져야 한다. 그런데 안타깝게도, 당연한 이런 전개 과정이 지금 일어나지 못하도록 방해받고 있다.

동행자들이 상황보고를 전한 것은 인류가 큰 공동체 삶의 현실을 준비하도록 격려하기 위한 것이다. 인류에게 주는 동행자의 메시지는 실로 윤리적 접촉이 무엇인지 말해주는 좋은 본보기이다. 동행자들은 인간 가족이 큰 공동체에서 자신의 미래를 헤쳐 나가는데 필요한 자유와 통합을 장려하지만, 우리가 본래 가진 능력과 권한을 존중하면서 불간섭 접근방식을 계속 유지하고 있다. 지금 많은 사람이 미래에 필요한 것과 도전을 직시할 힘과 성실성이 인류에게 있을까 의심하지만, 동행자들은 우리 모두의 내면에 앎의 힘이 있으며 우리가 자신을 위해 그 힘을 써야 한다고 말한다.

인류의 큰 공동체 출현을 위한 준비는 세상에 전해졌다. 인류의 동행자 상황보고 세 편과 큰 공동체 앎길에 관한 책들을 어디서나 독자들이 구입해볼 수 있다. 이 책들은 www.alliesofhumanity.org와 www.greatercommunity.org에서도 볼 수 있다. 이 두 사이트에 들어가 보면, 어떻게 개입에 대응할 것인지, 우주로 들어가는 문턱에서 변하는 세상에서의 우리 미래를 어떻게 직시할 것인지 그 수단을 알려준다. 이 것이 지금 세상에서 유일한 준비이다. 동행자들이 이처럼 긴급히 요청하 는 것이 바로 이 준비이다.

　　동행자의 상황보고에 응답하여, 헌신적인 독자들의 한 무리가 "인 류 주권 선언문"이라는 문서를 공들여 만들었다. 미국 독립 선언문을 본 떠 만든 인류 주권 선언문은 지구 원주민으로써 우리가 인류의 자유와 주 권을 보전하기 위해 지금 절실히 필요한 접촉 윤리와 접촉규칙을 제정하 려고 마련한 것이다. 지구 원주민으로써 우리는 누가 지구에 들어올 수 있고 언제 어떻게 방문할 수 있는지, 결정할 권리와 책임이 있다. 우리가 여기 있다는 것을 아는 우주 모든 국가와 그룹에게, 우리는 큰 공동체에 새로 출현하는 자유 종족으로써 자결권이 있고, 우리의 권리와 책임을 행 사하고자 한다는 것을 알려주어야 한다. 인류 주권 선언문은 시작이며, 웹 사이트www.humansovereignty.org에서 읽어볼 수 있다.

저항과 자율권

행동으로 옮기기 - 당신이 할 수 있는 것

동행자들은 우리들에게 지구의 안녕을 위한 태도를 취하라고 요청하며, 본질적으로 우리 스스로 인류의 동행자가 되라고 요청한다. 하지만 정말 이렇게 되려면, 이 헌신은 우리 내면의 가장 깊은 부분인 양심에서 나와야 한다. 개입에 대응하기 위해, 또 당신 자신이나 주위 사람들을 강하게 하는 것으로 유익한 세력이 되기 위해, 당신이 할 수 있는 일이 많다.

어떤 독자는 동행자 자료를 읽고 절망을 느꼈다고 한다. 당신의 느낌도 이와 같다면, 당신은 개입 세력이 당신에게 영향을 주어 수용적이고 희망적으로 느끼거나, 아니면 그들 앞에서 어찌할 수 없는 무력감을 느끼도록 하려는 그들의 의도를 잊지 말아야 한다. 당신 자신이 쉽게 설득당하지 않도록 해야 한다. 행동에 옮김으로써 힘을 얻는다. 당신이 실제로 할 수 있는 것이 무엇인가? 당신이 할 수 있는 일은 많다.

◆

혼자서 알아본다.

준비는 알아차리고 알아보는 것에서 시작해야 한다. 당신은 자신이 무엇을 다루고 있는지 이해해야 한다. UFO/ET 현상에 대해 스스로 알아보고, 행성학과 우주생물학에 대한 최근 간행물들을 읽어보고 공부한다.

추천 도서
·········
• 부록에 있는 "추가 자료"를 본다.

◆

회유책의 영향에 저항한다.

회유책에 저항한다. 무기력해지고 앎에 둔감해지는 영향력에 저항한다. 알아차리고, 지지활동을 하고, 이해를 통해서, 개입에 저항한다. 인간의 협동과 통합과 일체감을 고취시킨다.

추천 도서
·········
• 큰 공동체 영성, 제6장: "큰 공동체란 무엇인가?", 제11장: "당신의 준비는 무엇을 위한 것인가?"
• 앎길을 따르는 삶, 제1장: "신흥 행성에서의 삶"

◆

정신환경을 자각한다.

정신환경이란 우리 모두가 그 속에서 살아가는, 생각과 영향의 환경이다. 정신환경이 우리의 생각·정서·행동에 주는 영향은 물질환경이 주는 영향보다 훨씬 더 크다. 정신환경은 지금 개입으로 인해 직접적으로 영향받고 있다. 또한 정부나 우리 주변에 있는 상업단체에 의해서도 영향받는다. 자유롭고 명료하게 생각할 수 있도록 개인의 자유를 유지하려면, 정신환경을 자각하는 일이 무엇보다 중요하다. 당신이 취할 수 있는 첫 단계는 외부에서 받아들인 정보를 통해 당신이 생각하고 결정할 때, 누가 또 무엇이 당신에게 영향을 줄 것인지 의식적으로 선택하는 일이다. 여기에는 대중매체, 책, 설득력 있는 친구, 가족, 권위자 등 모두가 포함된다. 스스로 지침을 정하여, 다른 사람, 심지어 문화 전반에 걸쳐 당신에게 알려주는 것들을 분별력과 객관성을 가지고 분명하게 결정하는 법을 배운다. 자신이 사는 곳의 정신환경을 지키고 향상시키려면, 우리 모두는 의식적으로 이런 영향을 어떻게 분별하는지 배워야 한다.

추천 도서
·········

- 큰 공동체 지혜 2권, 제12장: "자기표현과 정신환경", 제15장: "큰 공동체에 대응"

◆

큰 공동체 앎길을 공부한다.

큰 공동체 앎길을 배움으로써 모든 생명의 창조주가 당신 내면에 심어놓은 깊은 영적 마음과 직접 접촉할 수 있다. 우리의 이성 너머에 있는 깊은 마음의 수준, 바로 이 앎의 수준에서, 당신이 세속적인 힘이나 큰 공동체 힘에서 오는 간섭과 조종에서 안전하다. 앎은 또한 당신이 이 시기에 세상에 온 큰 영적 목적을 당신을 위해 품고 있다. 앎은 당신 영성의 가장 중심이다. 당신은 "앎으로 가는 계단" 공부를 시작하는 것으로 오늘 큰 공동체 앎길 여행을 시작할 수 있다. 앎으로 가는 계단은 www.새메시지.com에서 볼 수 있다.

추천 도서
·········

- 큰 공동체 영성, 제4장: "앎이란 무엇인가?"
- 앎길을 따르는 삶: 전체
- 앎으로 가는 계단: 내적 앎을 다룬 책

◆

동행자 독서 모임을 만든다.

동행자 자료를 깊이 다뤄볼 수 있는 긍정적인 환경을 조성하기 위해, 다른 사람들과 합류하여 동행자 독서 모임을 만든다. 결성된 지지모임에서 사람들이 다른 사람들과 동행자의 상황보고나 큰 공동체 앎길에 관한 책들을 소리 내어 읽고, 또 자유로이 서로 묻고 여기서 얻은 통찰을 공유할 때, 이 자료들을 훨씬 더 깊이 이해할 수 있다. 이것은 개입에 관한 진실을 알기 위해 당신의 자각과 열망을 공유할 다른 사람들을 만날 수 있는 한 방법이다. 처음에는 단 둘이서 시작할 수 있다.

추천 도서
....

- 큰 공동체 지혜 2권, 제10장: "큰 공동체 방문", 제15장: "큰 공동체 에 대응", 제17장: "인류에 대한 방문자들의 인식", 제28장: "큰 공동체 현실"
- 인류의 동행자 제2권: 전체

◆

환경을 보존하고 지킨다.

우리의 자연환경을 보존하고 지키고 회복해야 할 필요성에 대해 우리는 날이 갈수록 더 깊이 깨우치고 있다. 심지어 개입이 없다 하더라도, 이 일은 여전히 가장 우선 사항이 될 것이다. 그런데 동행자들이 그들의 메시지에서 지구 천연자원을 지속적으로 쓸 수 있도록 해야 하는 필요성에 대해 새로운 자극과 새로운 이해를 주고 있다. 그래서 당신은 자신이 어떻게 살고 무엇을 소비하는지에 대해 의식적이 되어야 하며, 환경보존을 위해 무엇을 할 수 있는지 알아보아야 한다. 동행자들이 강조한 것처럼, 한 종족으로써 우리의 자급자족은 지적 생명체로 이루어진 큰 공동체에서 우리의 자유와 성장을 보호하는 데, 꼭 필요할 것이다.

추천 도서
....

- 큰 공동체 지혜 1권, 제14장: "세상의 진화"
- 큰 공동체 지혜 2권, 제25장: "환경"

◆
인류의 동행자 상황보고에서 전하는
메시지를 세상에 전파한다.

당신이 동행자 메시지를 다른 사람들과 공유하는 것은 다음과 같은 이유로 매우 중요하다:

— 당신은 외계인 개입이라는 현실과 불안에 둘러싸여 있는 망연자 실한 침묵을 깨는 일에 일조한다.

— 당신은 사람들이 이 엄청난 도전을 앞에 두고 서로의 연결을 막 는 고립에서 벗어나도록 돕는다.

— 당신은 회유책의 영향 아래에 들어간 사람들에게 이 현상이 무엇 을 뜻하는지 다시 살펴볼 수 있도록 그들에게 자신의 마음을 사 용하는 기회를 주어 그들을 깨운다.

— 당신은 우리 시대에 있는 이 엄청난 도전에 직면하여, 두려움이 나 회피에 굴복하지 않도록 당신 자신은 물론 다른 사람 내면의 결심을 더욱 굳힌다.

— 당신은 개입에 관해 다른 사람들이 스스로 알고 통찰한 것을 확 인시켜 준다.

— 당신은 개입을 막을 수 있는 저항 세력을 정착시키고, 우리의 접 촉규칙을 제정하도록 인류에게 결속력과 힘을 주는 자율권을 증 진시키는 데 일조한다.

다음은 당신이 지금 취할 수 있는 구체적인 단계들이다.

— 이 책과 이 책에 담긴 메시지를 다른 사람들과 공유한다. 인류의 동행자 웹 사이트인 www.alliesofhumanity.org/ko에서 제1편 은 모두 무료로 읽어볼 수 있다.

— 인류 주권 선언문을 읽고, 이 소중한 문서를 다른 사람들과 공유한다. www.humansovereignty.org에 방문하면 이 문서를 읽어볼 수 있다.

— 당신이 사는 지역의 서점이나 도서관에 인류의 동행자나 새 메시지의 다른 서적들을 비치하도록 권장한다. 그럼으로써 다른 독자들이 이 자료를 더 많이 접할 수 있다.

— 온라인 카페나 기타 적절한 SNS를 통해 동행자의 자료나 관점을 공유한다.

— 관련된 회의나 모임에 참석하여 동행자의 관점을 공유한다.

— 인류의 동행자 상황보고를 번역한다. 당신이 다국어를 사용하는 사람이라면, 전 세계 더 많은 독자가 읽어볼 수 있도록 상황보고 번역을 돕는 일을 고려해보기 바란다.

— 다른 사람들과 이 메시지를 공유하는 데 쓰이는 동행자 지지활동 무료 자료를 받기 위해 새 앎 도서관에 연락을 취한다.

추천 도서
....

- 앎길을 따르는 삶, 제9장: "다른 사람들과의 앎길 공유"
- 큰 공동체 지혜 2권, 제19장: "용기"

◆

당신이 취할 수 있는 목록을 모두 여기 적을 수는 없으며, 이것은 단지 시작이다. 자신의 삶을 둘러보고 어떤 기회가 있는지 보라. 이 점에 대해 당신의 앎과 통찰력에 마음을 열어놓으라. 위에 적힌 목록에 추가하여, 사람들이 이미 미술·음악·시 등을 통해 동행자의 메시지를 표현하는 창의적인 방식들을 찾았다. 당신 자신의 길을 찾아보라.

마샬 비안 서머즈의 메시지

지난 25년 동안, 나는 종교적 체험에 깊이 젖어 있었다. 그 결과, 우주에서 지적 생명체가 펼치는 거대한 파노라마 속에서 인간의 영성과 인류의 운명, 이 둘의 본질을 다루는 방대한 글을 받았다. 큰 공동체 앞길의 가르침에 포함된 이 글들은, 우리가 우리의 우주로 알고 있는, 광대한 시공간인 큰 공동체에서 펼쳐지는, 삶과 신의 현존을 설명하는 신학체계를 담고 있다.

내가 지금까지 받은 우주론에는 많은 메시지가 담겨있다. 그 중 하나는 인류가 지적 생명체로 이루어진 큰 공동체에 출현하고 있으며, 이것에 우리가 대비해야 한다는 것이다. 이 메시지를 보면, 인류는 우주에 홀로 있는 것이 아니며, 심지어 지구에서조차 홀로 있는 것이 아니다. 큰 공동체에는 친구도 있고, 경쟁자나 맞서야 할 상대도 있다.

이런 큰 현실은 1997년 인류의 동행자 상황보고 첫 편을 예기치 않게 받게 되면서 극적으로 알게 되었다. 이보다 3년 전 1994년, 동행자의 상황보고를 이해할 수 있는 신학적 기틀인 "큰 공동체 영성"이라는 새 계시를 받았다. 우주에 인류의 안녕과 미래 자유를 염려하는 동행자들이 있다는 것을 나는 영적 저작과 글들을 통해 이때 알게 되었다.

우주론에 관한 계시가 점점 더 많아지면서, 지적 생명체로 이루어진 우주 역사 속에, 윤리적으로 진보된 종족에게는 그들 지혜를 우리 같은 신흥 종족에게 전수해주야 하는 의무가 있으며, 그리고 이때 신흥 종족의 일에 직접 간섭하거나 개입하지 않고 전수해야 한다는 것을 알았다.

이때 그들의 의도는 개입이 아니라, 알려주는 것이다. 이러한 지혜 전승은 신흥 종족과의 접촉이 어떻게 이루어져야 하는지에 대한 오랜 윤리 체계의 표본이다. 인류의 동행자들이 보낸 상황보고가 불간섭 윤리적 접촉의 이런 사례가 되는 좋은 본보기이다. 이 사례는 귀감이 되어야 하며, 다른 종족들이 우리와 접촉하려 하거나 지구를 방문하려 할 때 그들이 지킬 것으로 우리가 기대하는 표준이 되어야 한다. 그럼에도 지금 지구에서 일어나는 개입은 이 윤리적 접촉의 본보기와 극명한 대조를 이룬다.

우리는 지금 극도로 취약한 위치로 옮겨 가고 있다. 자원고갈, 환경악화, 심화되는 인간 가족의 분열 위기로 개입할 기회가 무르익고 있다. 바깥 세계에서 탐내는 풍요로운 세계에서 우리는 고립되어 있는 것처럼 살고 있다. 우리는 다른 데 정신이 팔려 있고, 분열되어 있으며, 우리의 영역에 개입하는 큰 위험을 보지 못하고 있다. 이것은 고립된 원주민이 최초로 개입에 직면할 때 겪는 운명으로 역사에서 수도 없이 반복된 현상이다. 우리는 우주 지적 생명체의 힘과 선행에 대해 비현실적으로 가정하고 있다. 게다가 우리는 지구에서 우리 스스로 만든 환경에 대해 이제 겨우 살펴보기 시작했다.

인기 없는 진실이지만, 인간 가족은 아직 외계인과 직접적으로 접촉할 준비가 되지 않았으며, 개입에는 당연히 준비되지 않았다. 우리는 먼저 우리 집부터 정돈해야 한다. 인류는 아직 통합·힘·분별력이 있는 위치에서 큰 공동체의 다른 종족들과 만날 만큼 성숙된 종족이 아니다. 우리가 그런 위치에 도달할 수 있을 때까지는 어느 종족도 지구에 직접 개입하려고 해서는 안 된다. 동행자들은 우리에게 필요한 관점과 지혜를 많이 제공하지만, 여전히 개입하지는 않는다. 동행자들은 우리에게 말하기를, 우리 운명은 우리 손안에 있으며, 또 그래야 한다고 한다. 이것이 우주에서 자유를 가지려면, 짊어져야 하는 짐이다.

그러나 우리가 준비되지 않았는데도 개입은 진행되고 있다. 인류는 이제 인류 역사상 가장 중요한 문턱인 이 개입에 대비해야 한다. 우리는 단순히 이 현상에 평범한 목격자가 아니라, 그 중심에 서 있다. 이 개입은 우리가 알아차리든 알아차리지 못하든, 일어나고 있으며, 인류의 미래를 바꿀 힘을 가지고 있다. 그리고 이 개입은 우리가 진정 누구인지, 왜 이 시기에 지구에 왔는지와 깊이 관련되어 있다.

큰 공동체 앎길은 우리가 이 큰 문턱을 직시하고, 인간 정신을 새롭게 하며, 인간 가족을 위한 새로운 길을 정할 수 있도록, 지금 우리에게 필요한 가르침과 준비를 모두 제공하기 위해 전해졌다. 큰 공동체 앎길은 인간의 통합과 협동이 절실히 필요하다는 것을 말하고, 우리의 영적 지성인 앎이 최우선임을 말하며, 우주사회로 들어가는 길목에서 우리가 받아들여야 하는 큰 책임을 말한다. 큰 공동체 앎길은 모든 생명의 창조주에게서 온 새 메시지이다.

나의 사명은 지구에 이처럼 큰 우주론과 준비를 가져오는 것이며, 더불어 몸부림치는 인류에게 새로운 희망과 가능성을 가져오는 것이다. 이 목적을 위해, 나의 오랜 준비가 있었고, 큰 공동체 앎길에서의 폭넓은 가르침이 세상에 왔다. 인류의 동행자 상황보고는 이런 방대한 메시지에 작은 부분일 뿐이다. 이제 끝없는 투쟁을 종식하고, 큰 공동체의 삶에 대비해야 할 때이다. 그리하려면 우리는 하나의 영성에서 탄생한, 지구 원주민이라는 하나의 국민으로서 우리 자신을 새롭게 이해해야 하며, 우주의 신흥 종족으로서 우리의 취약한 처지를 새롭게 이해해야 한다. 이것이 인류에게 주는 나의 메시지이며, 이것이 내가 여기 온 이유이다.

2008년
마샬 비안 서머즈

부 록

◆

용 어 설 명

◆

인류의 동행자: 이 태양계 안의 지구 근처에서 숨어 지내는, 큰 공동체에
서 온 육체를 가진 존재들의 소그룹. 그들의 임무는 지금 지구에서
일어나는 외계 방문자들의 활동과 개입을 관찰하여 우리에게 알려
주고 조언해주는 것이다. 그들은 많은 행성에서 온 현자들을 대표한
다.

방문자들: 우리 허락 없이 지구를 방문하여 인간 문제에 적극적으로 간
섭하고 있는, 큰 공동체에서 온 몇몇의 외계 종족. 방문자들은 지구
자원과 인간에 대한 통제권을 얻을 목적으로 인간 삶의 구조와 정신
을 그들과 통합하는 긴 과정의 작업에 몰두하고 있다.

개입: 외계 방문자들이 지구에 머물며 그들 목적을 이루기 위해 하는 활
동.

회유책: 인류를 수동적이고 순종하도록 만들기 위해, 개입에 대한 사람
들의 인식과 분별력을 무력화시킬 목적으로 설득과 영향력을 행사
하는 방문자들의 프로그램.

큰 공동체: 우주. 인류가 지금 출현하는 광활한 물질적, 영적 우주이며,
여기에는 무수히 다양한 모습으로 발현된 지적 생명체가 살고 있다.

불가시 존재들: 큰 공동체 전역에 걸쳐 지각 있는 존재들의 영적 성장을
감독하는 신의 천사. 동행자들은 이들을 가리켜 '불가시 존재들'이
라 한다.

인류의 운명: 인류는 큰 공동체에 출현하도록 운명 지어졌다. 이것이 우리의 진화이다.

집단: 공통된 충성으로 서로 결속되어 있는, 다수의 외계 종족으로 구성된 복잡한 위계조직. 외계 방문자들이 소속된 이런 집단이 현재 지구에 하나 이상 있으며, 그들에게는 서로 경쟁적인 목적이 있다.

정신환경: 생각의 환경이며, 정신적 영향력이다.

앎: 사람들 각각의 내면에 사는 영적 지성이며, 우리가 아는 모든 것의 근원이다. 본질적 이해, 영원한 지혜이다. 영향을 받거나 조작되거나 더럽혀질 수 없는 우리의 영원한 부분이다. 모든 지적 생명체 안에 담긴 힘이다. 앎은 당신 안의 신이며, 신은 우주에 있는 앎의 총합이다.

통찰의 길: 큰 공동체에 있는 많은 행성에서 배우는 앎길의 다양한 가르침.

큰 공동체 앎길: 큰 공동체 많은 곳에서 연마하고 있는, 창조주에게서 온 영적 가르침. 큰 공동체 앎길은 앎을 체험하고 표현하는 법, 또 우주에서 개인의 자유를 보존하는 법을 가르친다. 큰 공동체 삶의 현실에 인류를 준비시키기 위해 이 가르침이 세상에 전해졌다.

인류의 동행자 서평

◆

나는 인류의 동행자에서 전하는 메시지가 진실처럼 들리므로, 이 글에 크게 감명을 받았다. 무선 연락, 지표 효과, 비디오테이프, 필름 등 모두 UFO가 사실임을 입증한다. 이제 우리는 거기에 타고 있는 이들의 의도가 무엇인지, 이 실질적인 의문을 다루어야 한다. 인류의 동행자는 이 문제에 심각하게 맞서고 있으며, 이 문제는 인류의 미래에 가장 중요한 것으로 입증될지도 모른다.

— JIM MARRS
"*은밀한 외계인의 의도와 지배*"의
저자

수십 년 동안 채널링과 UFO/외계인 양쪽을 연구한 것을 토대로, 나는 영매로서의 서머즈와 이 책에서 말하는 정보원의 메시지 양쪽 모두를 대단히 긍정적으로 본다. 나는 한 인간으로서, 또 진정한 영매로서 그의 성실성에 깊은 감명을 받았다. 대다수 인간은 물론 이제 심지어 외계인마저 분명히 자신에게만 봉사하는 것에도 불구하고, 서머즈와 그의 정보원 모두, 그들의 메시지와 처신에서 진정으로 타인에게 봉사하는 본보기를 보여주고 있다. 비록 심각하고 경고하는 어조이지만, 이 책의 메시지는 우리가 큰 공동체에 합류함으로써 우리 인류를 기다리는 경이로운 가능성으로 나의 마음에 활기를 준다. 우리는 동시에 창조주와 관

117

련된 우리의 천부적 권리를 찾아, 큰 공동체에서 온 이들에게 부당하게 조종당하거나 착취당하지 않아야 한다.

> — JON KLIMO,
> *"채널링: 불가사의한 원천으로부터 정보를 받는 것에 관한 연구"*의 저자

30년 동안 UFO/외계인 납치 현상을 연구하면서, 마치 거대한 퍼즐을 맞추는 것 같았다. 이 책을 읽음으로써, 드디어 남은 조각들을 맞출 수 있는 틀을 찾게 되었다.

> — ERICK SCHWARTZ,
> 임상 사회복지사, 캘리포니아

우주에 공짜가 있는가? 인류의 동행자는 공짜란 없다고 우리에게 강하게 알려준다.

> — ELAINE DOUGLASS,
> MUFON사 유타 주 책임자

확신하건대, 동행자들은 전 세계에서 스페인어를 말하는 사람들에게 큰 반향을 불러일으킬 것이다. 내가 사는 멕시코뿐만 아니라, 대단히 많은 민족이 자신의 문화를 지키는 권리를 위해 싸우고 있다. 이 책은 그들이 아주 오랫동안 대단히 다양한 방식으로 우리에게 말하려고 하였던 것을 단지 확인해줄 뿐이다.

> —INGRID CABRERA, 멕시코

이 책은 내 마음 깊이 울려 퍼졌다. 인류의 동행자는 나에게 신기원을 여는 것과 다름이 없다. 이 책을 세상에 나오게 하는 데 기여한 모든 이들에게 존경을 표하며, 나는 이 책에서 말한 긴급한 경고에 사람들이 주의를 기울이기를 기도한다.

—RAYMOND CHONG, 싱가폴

많은 동행자 자료들은 내가 안 것이나 본능적으로 옳다고 느끼는 것들과 공명한다.

— TIMOTHY GOOD,
*"일급비밀 폭로 너머"*의 저자이자
영국 UFO 연구원

추 가 연 구

인류의 동행자는 현재 지구에 있는 외계인들의 목적과 특성과 현실에 대해 기본 질문들을 내놓는다. 그러나 이 책에서는 추가 연구를 통해 살펴보아야 하는 더 많은 질문들을 제기한다. 그리하여 더 깊이 알아차리고 행동하도록 하는 촉매제로써 기여한다.

더 많은 것을 알아보는 데는 독자들이 혼자서든 다른 사람들과 함께든, 따를 수 있는 두 가지 길이 있다. 첫 번째 길은 UFO/ET 현상 자체를 연구하는 것이다. 이것은 지난 40년 동안 다양한 관점에서 폭넓게 연구원들이 기록해놓았다. 다음 페이지에 우리는 동행자 자료들과 특별히 관련된다고 여겨지는 주제에 대해 중요한 자료 목록을 열거해놓았다. 우리는 모든 독자들이 이 현상에 대해 더 잘 알게 되기를 권장한다.

두 번째 길은 이 현상에 담긴 영적 의미와 준비를 위해 개인적으로 할 수 있는 것을 탐구해보고 싶은 독자들을 위한 것이다. 이것을 하기 위해서는 다음 페이지에 나열되어 있는 마샬 비안 서머즈의 저작들을 읽어보기를 권장한다.

인류의 동행자 홈페이지 www.alliesofhumanity.org/ko 에 방문하면, 관련된 새로운 정보들을 얻을 수 있다. 큰 공동체 앞길에 관한 더 많은 정보를 보려면, www.새메시지.com에 방문하면 얻을 수 있다.

추 가 자 료

◆

아래에 열거된 목록은 UFO/ET 현상을 주제로 한 자료들이다. 여기에는 이 주제에 관한 참고 문헌을 총망라하고자 하는 것이 아니라, 단순히 처음 시작할 만한 것들을 알려주려 할 뿐이다. 이 현상을 조사하기 시작하면, 여기에 있는 자료뿐만 아니라, 다른 자료들까지 탐구할 만한 자료들이 점점 더 많아질 것이다. 그리고 이것들을 볼 때는 항상 분별력을 가지고 보는 것이 필요하다.

책

Berliner, Don: *UFO Briefing Document*, Dell Publishing, 1995.

Bryan, C.D.B.: *Close Encounters of the Fourth Kind: Alien Abduction, UFOs and the Conference at MIT*, Penguin, 1996.

Dolan, Richard: *UFOs and the National Security State: Chronology of a Coverup*, 1941-1973, Hampton Roads Publishing, 2002.

Fowler, Raymond E.: *The Allagash Abductions: Undeniable Evidence of Alien Intervention*, 2nd Edition, Granite Publishing, LLC, 2005.

Good, Timothy: *Unearthly Disclosure*, Arrow Books, 2001.

Grinspoon, David: *Lonely Planets: The Natural Philosophy of Alien Life*, Harper Collins Publishers, 2003.

Hopkins, Budd: *Missing Time*, Ballantine Books, 1988.

Howe, Linda Moulton: *An Alien Harvest*, LMH Productions, 1989.

Jacobs, David: *The Threat: What the Aliens Really Want*, Simon & Schuster, 1998.

Mack, John E.: *Abduction: Human Encounters with Aliens*, Charles Scribner's Sons, 1994.

Marrs, Jim: *Alien Agenda: Investigating the Extraterrestrial Presence Among Us*, Harper Collins, 1997.

Sauder, Richard: *Underwater and Underground Bases*, Adventures Unlimited Press, 2001.

Turner, Karla: *Taken: Inside the Alien-Human Abduction Agenda*, Berkeley Books, 1992.

DVD

The Alien Agenda and the Ethics of Contact with Marshall Vian Summers, MUFON Symposium, 2006. Available through New Knowledge Library.

The ET Intervention and Control in the Mental Environment, with Marshall Vian Summers, Conspiracy Con, 2007. Available through New Knowledge Library.

Out of the Blue: The Definitive Investigation of the UFO Phenomenon, Hanover House, 2007. To order: http://outofthebluethemovie.com/

웹 사이트

www.humansovereignty.org

www.alliesofhumanity.org/ko

www.새메시지.com

큰 공동체 앎길
책의 인용문

"당신은 오직 지구 한 세계에만 국한된 인간이 아니다. 당신은 다세계 큰 공동체 시민이다. 다세계 큰 공동체란 감각을 통해 보는 물질 우주를 말한다. 이는 당신이 지금 이해할 수 있는 것보다 훨씬 더 크다. 당신은 광활한 물질 우주의 시민이다. 이것을 확언할 때, 당신은 자신의 계보와 가문을 인정할 뿐만 아니라, 이 시기 당신 삶에 목적이 있음도 인정한다. 왜냐하면 인간 세계는 지금 다세계 큰 공동체 삶으로 성장해 나가기 때문이다. 비록 당신 믿음으로는 이 말을 아직 이해할 수 없겠지만, 이것은 당신에게 이미 알려져 있다."

> *– 앎으로 가는 계단:*
> 제187계단: 나는 다세계
> 큰 공동체 시민이다.

"당신은 큰 전환점에 세상에 왔으며, 당신의 생애에서는 그 전환점의 일부만을 볼 것이다. 전환점이란 지구가 주변에 있는 세계들과 접촉하는 것을 말한다. 이것은 인류의 자연스러운 진화이며, 지적 생명체가 사는 세계라면 어디에서나 자연스럽게 거치는 진화이다."

> *– 앎으로 가는 계단:*
> 제190계단: 지구는 다세계

큰 공동체에 출현하고 있다.
그래서 내가 여기 왔다.

"당신에게는 이 세상 너머에 위대한 친구들이 있다. 그래서 인류가 큰 공동체에 합류하고자 한다. 왜냐하면 큰 공동체란 인류가 맺고 있는 참된 관계의 더 넓은 범위를 나타내기 때문이다. 당신에게는 이 세상 너머에 진정한 친구들이 있다. 왜냐하면 당신은 이 세상에서도 혼자가 아니고, 다세계 큰 공동체에서도 혼자가 아니기 때문이다. 당신에게는 이 세상 너머에 친구들이 있다. 왜냐하면 당신의 영적 가족은 곳곳에 가족의 대표를 두고 있기 때문이다. 당신에게는 이 세상 너머에 친구들이 있다. 왜냐하면 당신은 지구 진화뿐만 아니라, 우주 진화를 위해서도 일하고 있기 때문이다. 당신의 상상이나 구상력을 뛰어넘으면, 이것은 모두 틀림없는 사실이다."

— *앎으로 가는 계단:*
제211계단: 나에게는 이 세상
너머에 위대한 친구들이 있다.

"희망으로 반응하지 말라. 두려움으로 반응하지 말라. 앎으로 반응하라."

— *큰 공동체 지혜 2권*
제10장: 큰공동체의 방문

"이것이 왜 일어나는가? 과학은 이것을 대답해줄 수 없다. 논리는 이것을 대답해줄 수 없다. 희망적인 관측은 이것을 대답해줄 수 없다. 두려움에 가득 찬 자기 방어는 이것을 대답해줄 수 없다. 그러면 무엇이 대답해줄 수 있는가? 당신은 여기에서 다른 종류의 마음으로 이것을 물어야 하고, 다른 종류의 눈으로 보아야 하며, 다른 체험을 가져야 한다."

— *큰 공동체 지혜 2권*
제10장: 큰공동체의 방문

"당신은 이제 큰 공동체의 신을 생각해야 한다. 인간의 신, 인류 역사의 신, 인류의 고난과 시련에서 나온 신이 아니라, 모든 시대, 모든 종족, 모든 차원에 해당하는 신, 원시 종족이나 선진 종족 모두에게 해당하는 신, 당신처럼 생각하는 사람들이나 당신과는 전혀 다르게 생각하는 사람들 모두에게 해당하는 신, 믿는 사람들이나 믿음을 이해하지 못하는 사람들 모두에게 해당하는 신을 생각해야 한다. 이것이 큰 공동체의 신이다. 당신은 여기에서 시작해야 한다."

– 큰 공동체 영성:
제1장: 신이란 무엇인가?

"세상에는 당신이 필요하고, 지금은 준비해야 할 때다. 지금은 한곳에 집중하고 결단해야 한다. 여기에서 도망갈 길이 없다. 왜냐하면 미래에는 큰 공동체 방문자들의 영향이 정신환경에 점점 더 강하게 미칠 것인데, 이때 앎길에서 성장한 사람들만이 능력을 발휘하여 정신환경에 예속되지 않고 자유를 유지할 수 있을 것이기 때문이다."

– 앎길을 따르는 삶:
제6장: 영적 성장의 기둥

"여기에는 대단한 위인이나 숭배해야 할 인물이 있는 것이 아니다. 다만 쌓아야 할 기반이 있고, 해야 할 일이 있다. 또한 한 계단씩 밟아야 하는 준비가 있고, 봉사해야 할 세상이 있다."

– 앎길을 따르는 삶:
제6장: 영적 성장의 기둥

"큰 공동체 앎길이 알려지지 않은 지구에 지금 전해지고 있다. 큰 공동체 앎길은 이곳에서 유래가 없고, 배경이 없다. 사람들은 이것에 익숙하지 않다. 이것은 사람들의 생각이나 믿음, 기대에 꼭 맞는 것은 아니며, 지구의 현재 종교적 이해에 부합하지 않는다. 이것은 종교 의식이나 행사도 없고 부나 과잉이 없이, 꾸밈없는 형태로 온다. 또한 단순하고 순수하게 오며, 마치 세상에서 어린아이와 같다. 이것은 취약해 보이지만, 큰 현실과 인류의 큰 가능성을 표현한다."

> *– 큰 공동체 영성: 제22장:*
> 앎은 어디에서 발견할 수 있는가?

"큰 공동체에는 인류보다 더 강한 이들이 있다. 그들은 당신을 꾀로 이길 수 있지만, 오직 당신이 보지 않을 경우에만 그렇다. 그들은 당신 마음에 영향을 줄 수 있지만, 당신이 앎과 함께 있으면, 당신 마음을 통제할 수 없다."

> *– 앎길을 따르는 삶:*
> 제10장: 세상에 현존하기

"인류는 대단히 큰 집에서 살며, 집의 일부가 불이 났다. 그리고 다른 종족들이 그들의 이익을 위해 불을 끄는 방법을 결정하기 위해 이곳에 방문하고 있다."

> *– 앎길을 따르는 삶:*
> 제11장: 미래에 대한 대비

"맑은 날 밤에 밖에 나가 하늘을 쳐다보라. 당신의 운명이 그곳에 있고, 당신의 어려움이 그곳에 있으며, 당신의 기회가 그곳에 있고, 당신의 복원이 그곳에 있다.

> *– 큰 공동체 영성:*
> 제15장: 누가 인류를 돕는가?

"당신은 진보한 종족이 앎으로 강하지 않다면, 그들에게 더 큰 논리가 있다고 결코 가정해서는 안 된다. 사실, 그들은 당신만큼이나 앎에 맞서 방벽을 쌓았을지도 모른다. 과거 습관과 의식, 체계, 당국자들은 앎의 증거에 도전을 받아야 한다. 그래서 심지어 큰 공동체에서도 앎을 따르는 이가 강한 세력이다."

> — *앎으로 가는 계단:*
> 상위 단계

"앞으로 당신의 대담함은 가식에서 나와서는 안 되며, 앎의 확실성에서 나와야 한다. 그러면 당신은 다른 사람들에게 평화의 안식처가 되고 부의 원천이 될 것이다. 이것이 바로 당신이 되기로 한 것이고, 당신이 세상에 온 이유이다."

> — *앎으로 가는 계단:*
> 제162계단: 나는 오늘
> 두려워하지 않을 것이다.

"세상에서 지내기가 쉬운 시기가 아니지만, 만약 공헌이 당신의 목적이고 의도라면, 세상에서 지내기에 적절한 시기이다."

> — *큰 공동체 영성:*
> 제11장: 당신의 준비는
> 무엇을 위한 것인가?

"당신이 사명을 완수하려면, 당신에게는 강한 동행자들이 있어야 한다. 왜냐하면 신은 당신이 그 사명을 혼자서 완수할 수 없다는 것을 알기 때문이다."

- 큰 공동체 영성:
제12장: 당신은
누구를 만날 것인가?

"창조주는 인류가 큰 공동체를 준비하지 않은 채로 놓아두지 않을 것이다. 그래서 큰 공동체 앎길이 전해지고 있다. 큰 공동체 앎길은 우주의 큰 의지에서 나오며, 우주의 천사들을 통해 전해진다. 천사들은 모든 곳에서 앎의 출현을 돕고, 앎을 구현할 수 있는 관계들을 모든 곳에서 기른다. 이 일은 세상에서 신성의 일이며, 당신을 신성으로 데려가는 것이 아니라, 세상으로 데려가기 위해 하는 일이다. 왜냐하면 세상에 당신이 필요하기 때문이다. 그래서 당신이 이곳에 파견되었다. 그래서 당신이 오는 것을 선택하였다. 당신은 지구의 큰 공동체 출현에 봉사하고 후원하기 위해 세상에 오는 것을 선택하였다. 왜냐하면 이것이 이 시기에 인류에게 절실히 필요한 것이고, 이 필요는 차세대 인류에게 필요한 것들 모두에 그림자를 드리울 것이기 때문이다."

- 큰 공동체 영성:
서문

저자에 관하여

메신저는 지금까지 세상에 거의 알려진 바가 없었지만, 우리가 사는 이 시기에 나타난 가장 중요한 영적 스승으로 끝내 알려질 것이다. 20여 년 동안 마샬 비안 서머즈는 지구가 우주에서 주거지역에 속하며 지금 지적 생명체로 이루어진 큰 공동체에 출현하는데 긴급히 준비해야 한다는 부정할 수 없는 현실을 알리는 영성의 메시지를 받아 가르치는 데 보냈다.

메신저는 앎의 수련법을 가르친다. 그는 "가장 깊은 곳에 있는 우리의 직관은 다름 아닌 앎에서 나온 큰 힘의 외적 표현일 뿐이다."라고 말한다. 그의 책 중에서, 2000년 미국 영성 상을 수상한 바 있는 '앎으로 가는 계단', 그리고 새로운 계시인 '큰 공동체 영성'은 처음으로 외부 생명체와 접촉을 다루는 신학체계 바탕이라 할 수 있다. 그가 받은 메시지는 모두 현대 역사에서 가장 독창적이고 진보한 영적 가르침을 나타낸다. 전체 메시지는 20여권 되지만, 새 앎 도서관에서 출간된 것은 아직 몇 권밖에 되지 않는다. 그는 또한 비영리 종교단체인 큰 공동체 앎길 협회의 창립자이다.

마샬 비안 서머즈는 "인류의 동행자"라는 이 책으로 아마 지금 지구에서 일어나는 개입의 진짜 본질을 명확하게 경고하여 사람들이 응답하고 준비할 것을 요청하는 첫 번째 영적 스승이 될 것이다. 그는 창조주가 인류에게 준 선물인 큰 공동체 앎길을 받는데 삶을 바쳤으며, 세상에 신의 새 메시지를 전달하는데 헌신하고 있다.

협회에 관하여

큰 공동체 앎길 협회는 세상에 큰 사명이 있다. 인류의 동행자들은 개입에 따른 문제와 징후를 모두 알려주었다. 그리고 심각한 이 도전에 응할 수 있도록 큰 공동체 앎길로 불리는 영적 가르침에 그 해답이 나와 있다. 이 가르침은 큰 공동체를 보는 시각과 영적 준비를 알려주어 인류가 자결권을 유지하고, 지적 생명체로 이루어진 넓은 우주에서 성공적으로 자리잡을 수 있도록 해준다.

협회는 새 메시지를 책, 인터넷, 교육 프로그램, 명상 프로그램, 안거수행을 통해 인류에게 전달하는 사명이 있다. 협회는 세상에서 큰 공동체 준비에 가장 선구자가 될 앎의 인간을 육성하여 개입의 영향을 상쇄시켜 나가는 것을 목표로 삼는다. 인류가 자유를 위해 격렬하게 몸부림칠 때, 이 앎의 인간이 세상에서 앎과 지혜의 명맥을 이을 것이다.

협회는 비영리 종교단체로서 1992년 마샬 비안 서머즈가 설립하였다. 여러 해에 걸쳐 한 무리의 학생이 그를 헌신적으로 돕기 위해 모여들었다. 협회는 이 학생들을 중심으로 유지되며, 이들은 세상에 새로운 영적 자각과 준비가 발붙이도록 헌신하고 있다. 협회가 사명을 완수하려면 더 많은 사람이 돕고 참여해야 한다. 세상이 심각하게 돌아가는 것을 볼 때, 앎이 절박하고 준비가 필요하다. 그래서 우리 협회는 지구 역사상 가장 중요한 전환점에서 세상에 새 메시지의 선물을 전달하는 일에 많은 사람이 곳곳에서 돕기를 요청한다.

협회는 비영리 종교단체로서 자발적인 활동·헌금·봉사를 통해서만 운영된다. 하지만 전 세계 사람들에게 알리고, 사람들을 준비시키는 일이 많아지면서 협회가 사명을 완수하기에는 턱없이 부족한 실정이다.

당신도 기여를 통해 이 큰 사명에 동참할 수 있다. 다른 사람들과 동행자 메시지를 공유하라. 우리가 한 국민, 한 세계인으로서 지적 생명체로 이루어진 큰 영역에 진입한다는 사실을 자각하는 일에 동참하라. 앎의 길을 가는 학생이 되라. 당신이 이 큰 일에 후원자가 될 수 있다면 협회에 연락해주길 바란다. 동행자 메시지가 전 세계로 전파되고, 상황이 인류에게 유리하게 돌아가도록 하려면 당신의 기여가 절실히 필요하다.

◆

"당신은 세상에 전달되고
세상에 맞게 옮겨지는 어떤 것,
세상에 필요한 어떤 것,
가장 큰 규모의 어떤 것을
받아들이는 문턱에
서 있다.

당신은 이것을 받아들이는
첫 번째 사람 중 하나에 속한다.

이것을 잘 받아들이라."

큰 공동체 영성

큰 공동체 앎길 협회

P.O. Box 1724 • Boulder, CO 80306-1724
(303) 938-8401, fax (303) 938-1214
society@newmessage.org
www.alliesofhumanity.org   www.newmessage.org

번역 과정에 대하여

메신저, 마샬 비안 서머즈는 1983년부터 신의 새 메시지를 받아오고 있다. 신의 새 메시지는 지금까지 인류에게 전해진 것 가운데 가장 규모가 큰 계시이며, 이제 문맹에서 벗어나 국제 통신이 가능하고 국제적 인식이 확산되는 세상에 전해지고 있다. 새 메시지는 단지 한 종족, 한 국가, 한 종교에만 전해지는 것이 아니라, 전 세계에 전해지고 있다. 그래서 가능한 한 많은 언어로 번역되어야 한다.

계시의 과정이 역사상 처음으로 지금 밝혀지고 있다. 이 놀랄만한 과정에서, 신의 현존은 언어 차원을 넘어, 세상을 감독하는 천사의 회중에 메시지를 전한다. 그러면 회중은 이 메시지를 인간의 언어로 번역하여, 모두가 하나인, 한 음성으로 그들의 메신저를 통해, 계시의 음성인 이 큰 음성의 매개체가 된 메신저의 음성을 통해 말한다. 새 메시지는 영어를 사용하여 음성으로 오며, 오디오 형태로 곧바로 녹음된다. 그러고 나서 그 음성을 옮겨 적고, 글과 음성 녹음 형태로 이용할 수 있게 한다. 이런 식으로 신의 원래 메시지는 그 순수성이 그대로 보존되고, 모든 사람이 보고 들을 수 있게 된다.

그런데 여기에 번역의 과정도 있다. 원래의 계시가 영어로 전달되었으므로, 이것이 인류의 많은 언어로 모두 번역되어야 하는 이유이다. 지구에는 많은 언어가 있으므로, 모든 곳의 사람들에게 새 메시지가 전달되려면, 번역은 지극히 필요한 것이다. 시간이 지나면서, 새 메시지 학생들이 자신들의 모국어로 새 메시지를 번역하겠다고 자원하였다.

역사적인 이 시기에, 협회는 엄청나게 방대한 메시지, 아주 긴급하게 세상에 전달되어야 하는 이 메시지를 대단히 많은 언어로 번역하는 데 드는 번역료를 지급할 형편이 안 된다. 게다가 협회는 우리 번역자들이 자신이 번역하는 것의 본질을 가능한 한 많이 이해하고 체험하는 새 메시지 학생이어야 한다고 믿는다.

지구 전역에 걸쳐 새 메시지가 긴급히 공유되어야 할 필요성을 고려하여, 우리는 새 메시지가 세상에 널리 퍼질 수 있도록 더 많은 번역 지원을 요청하며, 그래서 이미 시작한 언어에 더 많은 계시를 제공하고, 또한 아직 시작하지 않은 언어들을 새로 소개하고자 한다. 때가 되면, 우리는 이 번역물들의 질 또한 향상하고자 한다. 여전히 해야 할 일이 대단히 많다.

신의 새 메시지 경전

신이 다시 말했다

유일신

새 메신저

큰 공동체

큰 공동체 영성

앎으로 가는 계단

관계와 큰 목적

앎길을 따르는 삶

우주의 삶

변화의 큰 물결

큰 공동체 지혜I & II

하늘의 비밀

인류의 동행자 1권, 2권, 3권